高等学校"十三五"规划教材

# 天然产物化学实验

徐 静　梁振益　主编

U0228852

化学工业出版社

·北京·

## 内容提要

《天然产物化学实验》首先介绍了提取和分离天然产物的常用方法，然后按生物碱、黄酮类化合物、萜类化合物、甾体及其皂苷、醌类化合物、苯丙素类、海洋药物、天然产物的化学合成和结构修饰安排实验内容，共 24 个实验。对有些基本操作，在不同的实验里多次重复和强化，以期学生能正确、熟练掌握这些基本实验技术。

《天然产物化学实验》可作为化学类、化工类、生物类、食品类、药学类等专业的本科生教材，也可供科研工作者参考。

**图书在版编目（CIP）数据**

天然产物化学实验/徐静，梁振益主编. —北京：化学工业出版社，2020.5（2024.1重印）
高等学校"十三五"规划教材
ISBN 978-7-122-36029-8

Ⅰ.①天… Ⅱ.①徐…②梁… Ⅲ.①天然有机化合物-化学实验-高等学校-教材 Ⅳ.①O629-33

中国版本图书馆 CIP 数据核字（2020）第 039647 号

---

责任编辑：宋林青　　　　　　　　　文字编辑：李　佩　陈小滔
责任校对：李雨晴　　　　　　　　　装帧设计：关　飞

---

出版发行：化学工业出版社（北京市东城区青年湖南街 13 号　邮政编码 100011）
印　　装：北京盛通数码印刷有限公司
787mm×1092mm　1/16　印张 8¼　字数 196 千字　　2024 年 1 月北京第 1 版第 3 次印刷

---

购书咨询：010-64518888　　　　　　售后服务：010-64518899
网　　址：http://www.cip.com.cn
凡购买本书，如有缺损质量问题，本社销售中心负责调换。

---

定　　价：25.00 元　　　　　　　　　　　　　　　　　版权所有　违者必究

# 《天然产物化学实验》编写组

**主 编** 徐 静 梁振益

**参 编** 徐志勇 冯 昭 李 钢 马建坤

韦成文 邹仁健 孙梦宇

《天然气转化与利用》编委会

# 前　言

　　天然产物化学是一门将专业知识和技能相结合、实践性很强的学科，在天然产物化学领域直接做出过杰出贡献的诺贝尔化学奖、生理学或医学奖的科学家超过 30 位。实验教学与理论教学齐头并进、继往开来，可帮助学生理解和巩固各种提取分离技术的理论知识，掌握天然产物分离的基本操作方法和技术，提高动手能力、分析和解决问题的能力，为从事医药、化工原料、食品添加剂或农用化学品及相关领域的科学研究、开发和生产打下坚实基础，更好地适应我国经济结构转型升级对应用技能型、创新型人才的需求。

　　本书为天然产物化学的配套实验书，选材主要考虑了高等院校化学、应用化学、化学工程、生物技术、生物化工、食品科学与工程、制药工程和药学等专业本科生和研究生专业课的要求，并考虑了天然产物化学本身广泛的应用性及学生毕业后可能从事相关领域工作的需要。编者结合多年的实践教学与科研工作经验，在适应较多院校的实验条件及完整保持实验内容的系统性、独立性及可操作性的基础上，适量选取了与当前生产实践有关的新技术与新方法。全书共分为十章、选编实验 24 个，第一、二章系统介绍了天然产物化学常用的提取分离方法及预实验，第三～八章囊括主要类型天然产物化学成分的提取、分离和鉴定的操作技术（实验一～实验十九），第九章为两个海洋药物实验（实验二十、实验二十一），第十章为天然产物的化学合成和结构修饰（实验二十二～实验二十四），每一个实验系统介绍了实验背景、目的、原理、仪器与药品、步骤流程和操作要点，并通过思考题加深学生对实验的理解，力求较为全面地体现天然产物化学实验操作的一套流程。其中一些基础内容在不同实验中多次重复与强化，以求学生对这些基本操作能达到正确、熟练的训练要求，书后还附有常用显色剂的配制及使用、常用有机溶剂的物理参数和实验报告示例，可供读者查阅参考。大部分实验在 3～4 学时均能完成，教师可根据教学需要、课时、实验设备和专业侧重点不同酌情选做。

　　本书由徐静、梁振益担任主编，徐志勇、冯昭、李钢、马建坤、韦成文、邹仁健、孙梦宇参与编写和实验试做。本书由海南省自然科学基金高层次人才项目（2019RC006）、国家自然科学基金项目（81973229/81660584）、海南省教育厅重点项目（Hnky2019ZD-6）和2019 年度海南大学本科自编教材资助项目共同资助出版，在此深表感谢！

　　由于编者水平和经验所限，书中疏漏之处在所难免，欢迎广大师生和读者予以批评指正，以便修订时再做改进。

编者

**2019 年 12 月**

# 目 录

**1**

# 第一章

# 天然产物的提取技术

天然产物化学成分相当复杂，往往含有大量的无效成分或杂质。提取就是用合适的溶剂和方法，将有效成分尽可能提出，而减少其他杂质被提出的方法。在天然产物研究中显得尤为重要，提取方法设计的合理与否直接影响下一步的分离纯化。传统的提取方法主要有溶剂提取法、水蒸气蒸馏法和升华法；随着科学技术的快速发展，超临界流体萃取、超声波提取技术、微波辅助提取技术和酶辅助提取技术等一批现代提取技术应运而生。

## 一、溶剂提取法

溶剂提取法是依据"相似相溶"原理，选择对有效成分溶解度大而对其他成分（杂质）溶解度小的溶剂，将有效成分从药材组织中溶解出来的方法。

### （一）溶剂的选择

根据极性大小的不同，溶剂可分为：水、亲水性有机溶剂和亲脂性有机溶剂。一般地，亲水性的化学成分易溶于水或亲水性有机溶剂中，亲脂性的化学成分易溶于亲脂性有机溶剂中，如表 1-1 所示。化合物的极性由分子中官能团的种类、数目及排列方式等综合因素决定。分子较小，极性基团多的物质，亲水性较强；分子较大，极性基团少的物质，亲脂性较强。常见官能团极性为：羧基>酚羟基>醇羟基>氨基>酰氨基>醛、酮>酯基>醚基>烯基>烷基。常用溶剂极性由弱到强依次排序为：正己烷≈石油醚<环己烷<苯<二氯甲烷<氯仿<乙醚<乙酸乙酯（亲脂性）<正丁醇<丙酮<乙醇<甲醇（亲水性）<水<含盐水。

影响溶剂的选择因素一般有以下三点：①溶剂对有效成分溶解度大，对杂质溶解度小；②溶剂不能与有效成分发生化学反应；③溶剂要经济、易得、使用安全等。

### （二）提取方法的选择

提取方法的选择一般根据被提取成分受热是否稳定及所选用溶剂的性质来确定，常用的溶剂提取方法有浸渍法、渗漉法、煎煮法、回流提取法和连续回流提取法等。

表 1-1　不同极性溶剂提取化学成分

| 溶剂极性强弱 | 溶剂 | 有效成分类型 |
|---|---|---|
| 非极性(亲脂性) | 石油醚、环己烷、苯等 | 油脂、挥发油、植物甾醇(游离态)及三萜类化合物、某些生物碱、亲脂性强的香豆素等 |
| 弱极性 | 乙醚 | 树脂、内酯、黄酮类化合物的苷元、醌类、游离生物碱及醚溶性有机酸等 |
| | 氯仿 | 游离生物碱、有机酸及黄酮、香豆素的苷元等 |
| 中等极性 | 乙酸乙酯 | 游离生物碱、有机酸及黄酮、香豆素的苷元、单糖苷等 |
| | 正丁醇 | 极性较大的苷类(二糖苷和三糖苷)等 |
| 极性 | 丙酮、乙醇、甲醇 | 生物碱及其盐、有机酸及其盐、苷类、氨基酸、鞣质和某些单糖等 |
| 强极性 | 水 | 氨基酸、蛋白质、糖类、水溶性生物碱、胺类、鞣质、苷类、无机盐等 |

### 1. 浸渍法

浸渍法是将待提取物质装入适当的容器中，加入适当溶剂（水或不同浓度乙醇）浸没待提取物，浸渍一段时间，滤出提取液，滤渣重新加入新溶剂，重复提取 2～3 次，然后合并提取液，并将其减压浓缩得到提取物的方法。浸渍法一般又分为冷浸法和温浸法。

（1）操作步骤

① 冷浸法　取药材粗粉，放置于合适的容器中，加入一定量的溶剂如水、酸水、碱水或稀醇等，密闭，时时搅拌或振摇，在室温条件下浸渍 1～2d 或规定时间，使有效成分浸出，过滤，用力压榨残渣，合并滤液，静置，过滤即得提取物。

② 温浸法　具体操作与冷浸法基本相同。但温浸法的浸渍温度一般在 40～60℃，浸渍时间较短，能浸出较多的有效成分。由于温度较高，浸出液冷却后放置贮存常析出沉淀，为保证质量，需滤去沉淀。

（2）操作提示

此法适合于提取含淀粉、树胶、果胶、多糖、黏液质等成分较多的药材，以及挥发性成分及受热易分解成分的提取。但提取的时间较长，效率低。用水浸提时还要注意提取液的防腐问题。

### 2. 渗漉法

将药材粉末装在渗漉筒中，不断添加新溶剂使其自上而下渗透过药材，提取液从渗漉筒下部流出。渗漉装置如图 1-1 所示。

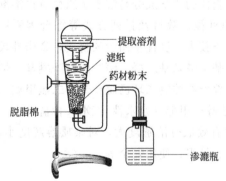

图 1-1　渗漉装置

（1）操作步骤

① 粉碎　将药材研磨成粗粉，颗粒度要适中，颗粒度过大和过小都会影响渗漉效果。

② 浸润　为避免药粉在渗漉筒中膨胀，造成堵塞，通常先把药粉浸润膨胀。根据药粉性质，用规定量的溶剂（一般 1000g 药粉用 600～800mL 溶剂）润湿，密闭放置 15min 至 6h，使药粉充分膨胀。

③ 装筒　取适量用相同溶剂湿润后的脱脂棉垫在渗漉筒底部，分次装入已润湿的药粉，每次装粉后用木槌均匀压平，力求松紧适宜，太松或者太紧都不利于渗漉的顺利进行。药粉装量一般以不超过渗漉筒体积的 2/3 为宜，药

面上盖滤纸或纱布，再均匀覆盖一层清洁的细石块。

④ 排气　装筒完成后，打开渗漉筒下部的出口，缓缓加入适量溶剂，使药粉间隙中的空气受压由下口排出。

⑤ 浸渍　待气体排尽后，关闭出口，流出的渗漉液倒回筒内。继续加溶剂使液面保持高出药面，为使提取溶剂充分渗透和扩散，浸渍时间一般为24～48h。

⑥ 渗漉　浸渍完成后，接着即可打开出口开始渗漉，控制流量。《中华人民共和国药典》(2015版)规定，1000g药材每分钟流出1～3mL为慢漉，3～5mL为快漉。实验室常控制在每分钟2～5mL，大量生产时，可调至每小时漉出液为渗漉器容积的1/48～1/24。

⑦ 收集渗漉液　一般收集的渗漉液约为药材质量的8～10倍，或以有效成分的鉴别试验决定是否渗漉完全，最后经浓缩得到提取物。

（2）操作提示

此法由于溶液浓度差大，浸出效果好，大部分成分可被不同程度地提取出来，且不破坏成分，适用于贵重中草药和含毒性中草药的提取，不仅适合有效成分含量较高时的提取，也适用于有效成分含量较低时的提取。同时，因操作条件简单温和，也适用于挥发性及受热易破坏分解成分的提取。但缺点为溶液体积大，提取时间长。

**3. 煎煮法**

煎煮法是将药材用水加热煮沸以提取有效成分的方法。煎煮法是我国最早使用的传统的提取方法，其操作较为简单，将天然药物粗粉用水加热煮沸，保持一定时间，大部分成分即可被不同程度地提取出来。

（1）操作步骤

取粗粉，置于适当煎煮容器（勿使用铁器）中，加水浸没药材，加热煮沸，保持微沸，煎煮一定时间后，分离煎煮液，药渣继续依法煎煮数次至煎煮液味淡薄，合并各次煎煮液，浓缩即得提取物。一般以煎煮2～3次为宜，小量提取，第一次煮沸20～30min；大量生产，第一次煎煮1～2h，第2、3次煎煮时间可酌减。

（2）操作提示

此法操作简单，提取效率高于浸渍法、渗漉法，适用于有效成分能溶于水且不易被水、热破坏的天然药物的提取，不宜用于有挥发性及遇热易破坏成分的提取。对富含多糖的药材，因提取液黏稠，过滤困难，不宜使用。提取有效成分时忌用铁器，否则提取液颜色较深。

**4. 回流提取法**

回流提取法是在回流装置中用挥发性有机溶剂作为提取溶剂，对药材提取液进行加热回流，回流一段时间后，滤出滤液，再加入新溶剂重新回流，重复操作2～3次，合并提取液，减压浓缩后得到粗提物的方法。回流提取装置如图1-2所示。

（1）操作步骤

将药材粗粉装入圆底烧瓶内，添加溶剂至没过药面（一般至烧瓶容积1/2～2/3处），接上冷凝管，通入冷却水，于水浴中加热回流一定时间，滤出提取液，药渣中再添加新溶剂回流2～3次，合并滤液，回收有机溶剂后即得浓缩提取液。

（2）操作提示

该方法效率较浸渍法高，但溶剂消耗量较大，操作较麻烦，适用于脂溶性较强的天然药物化学成分的提取，因长时间加热，所以不适合提取受热易破坏分解的成分。大量生产中多采用连续回流提取法。

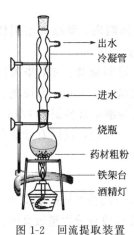

图 1-2　回流提取装置

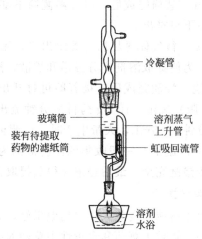

图 1-3　索氏提取器装置

### 5. 连续回流提取法

连续回流提取法是回流提取法的发展，能用少量溶剂进行连续循环回流提取，充分将有效成分浸出。实验室常用的是索氏提取器装置。索氏提取器由冷凝管、提取器、烧瓶三部分组成。

（1）操作步骤

将药材粗粉装入滤纸袋中，放入提取器内，高度不能超过虹吸管顶端高度，烧瓶内的溶剂经水浴加热汽化，通过提取器旁的蒸气上升管上升，在冷凝管冷却为液体，滴入滤纸筒中，对药材进行浸泡提取，当提取器内溶剂液面超过虹吸管高度时，由于虹吸作用，提取器内的提取液（含成分）全部虹吸流入烧瓶中；烧瓶内的溶剂受热部分汽化（化学成分仍留在烧瓶中），沿蒸气上升管上升。重复上述提取，如此反复多次，直至药材中的成分提取完全为止，提取器装置如图 1-3 所示。

（2）操作提示

此法由于药材不断接触新溶剂，能始终保持较高的浓度差，所以提取比较完全，具有溶剂消耗量小、提取效率高的优点，适用于脂溶性较强的天然药物化学成分的提取，不适合提取受热易分解的成分，药量少时可用此法提取。

以上常见五种溶剂提取法的对比见表 1-2。

表 1-2　常见五种溶剂提取法的对比

| 提取方法 | 溶剂 | 操作 | 提取效率 | 使用范围 | 备注 |
|---|---|---|---|---|---|
| 浸渍法 | 水或有机溶剂 | 不加热 | 效率低 | 各类成分,尤遇热不稳定成分 | 出膏率低,易发霉,需加防腐剂 |
| 渗漉法 | 有机溶剂 | 不加热 | 效率高于浸渍法 | 脂溶性成分 | 消耗溶剂量大,费时长 |
| 煎煮法 | 水 | 直火加热 | 效率高于浸渍法、渗漉法 | 水溶性成分 | 易挥发、热不稳定成分不宜用 |
| 回流提取法 | 有机溶剂 | 水浴加热 | 效率高 | 脂溶性成分 | 热不稳定成分不宜用,溶剂量大 |
| 连续回流提取法 | 有机溶剂 | 水浴加热 | 节省溶剂、效率最高 | 亲脂性较强成分 | 使用索氏提取器 |

## 二、水蒸气蒸馏法

水蒸气蒸馏法是将水蒸气通入含有挥发性成分的药材中，使药材中挥发性成分随水蒸气蒸馏出来的提取方法。仪器装置由水蒸气发生装置、蒸馏瓶、冷凝器、接收器等几部分组成。适用于能随水蒸气蒸馏而不被破坏的成分的提取，这些化合物与水不相混溶或仅微溶，沸点多在100℃以上，且在约100℃时有一定的蒸气压，当水加热沸腾时，能将该物质一并随水蒸气带出。如：挥发油，小分子的香豆素类，小分子的醌类成分，小分子的酸性物质丹皮酚、小分子生物碱（麻黄碱、烟碱等）。水蒸气蒸馏装置如图1-4所示。

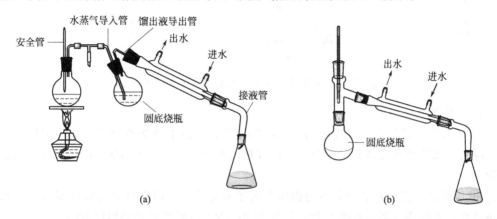

图1-4　水蒸气蒸馏装置（a）和简易水蒸气蒸馏装置（b）

（1）操作步骤

将药材粗粉装入蒸馏瓶内，加入水使药材充分浸润，然后加热水蒸气发生器使水沸腾，产生的水蒸气通入蒸馏瓶内，药材中挥发性成分随水蒸气蒸馏被带出，经冷凝后，收集于接收器中，若馏出液由浑浊变澄清透明，表示蒸馏基本完成，馏出物与水的分离程度可根据具体情况来决定。

（2）操作提示

蒸馏过程中应注意以下几点。

① 水蒸气发生器内的水量不得超过其容积的2/3，安全玻璃管应插到发生器的底部以调节内压。

② 需对蒸馏瓶采取保温措施，以免部分水蒸气冷凝后增加蒸馏瓶内液体体积。

③ 通水蒸气的导管应插入蒸馏器内的药材底部。蒸馏需中断或完成时，应先打开螺旋夹，使蒸馏器与大气压相通后，再关热源，以防液体倒吸。

④ 对于某些在水中溶解度稍大的挥发性成分，馏出液可再蒸馏一次，以提高纯度。

## 三、升华法

某些固体物质在低于其熔点的温度下受热后，不经熔融就直接气化，遇冷后又凝固为原来的固体化合物，此现象称为升华。凡具有升华性质的天然产物，均可利用升华法直接提取。如茶叶中的咖啡碱在178℃以上就能升华而不被分解，因而可用升华法提取。另外，游离的羟基蒽醌类成分，一些香豆素类、有机酸类成分，也具有升华的性质。升华法实验装置如图 1-5 所示。

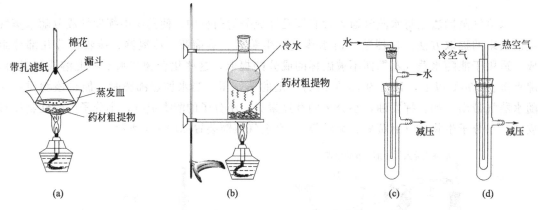

图 1-5　常压升华装置（a）（b）和减压升华装置（c）（d）

（1）操作步骤

① 常压升华　预先粉碎待升华的天然药物，将粉末置于升华器皿中，铺均匀后在上面放一冷凝器，加热升华器皿到一定温度，使被提取物质升华，升华物质冷凝于冷凝器表面即得提取物。

② 减压升华　把待升华的天然药物粉末置于吸滤管中，用橡皮塞塞紧冷凝管口，水泵或油泵减压，水浴或油浴加热吸滤管，升华物质冷凝于冷凝管表面即得提取物。

（2）操作提示

升华法的加热一般以水浴、油浴等热浴较为稳妥，此法简单易行，但由于升华的温度较高，易使天然药物炭化，伴随产生的挥发性焦油状物常粘附在升华物上，难以去除，且易升华不完全，产率低，有时还伴随物质的分解现象，故在天然药物的实际提取时很少采用。

# 四、现代提取技术

## 1. 超临界流体萃取法

超临界流体萃取法（supercritical fluid extraction，SFE）是利用超临界流体作为溶剂，从液体或固体混合物中萃取、分离得到所需成分的方法。其作为一种高效、环保的现代提取方法，已经广泛应用于食品、医药、化工、环境等领域。超临界流体是指其温度及压力处于临界温度及临界压力以上的流体，具有气体和液体的双重性质，密度接近液体，有较好的溶解性，黏度接近普通气体，有较好的渗透及扩散能力。通常情况下能用的超临界流体有二氧化碳、乙烯、乙烷、氢气等，其中 $CO_2$ 因化学性质不活泼、无毒无味、廉价易得且具有较低的临界温度和临界压力，能减少天然药物中有效成分的流失，而成为萃取小分子、低极性、亲脂性药用活性物质的理想溶剂。通过调节温度、加入适宜的携带剂等方法，便能够从天然药物中提取挥发油、生物碱、苯丙素、黄酮类、有机酚酸、苷类以及天然色素等成分。由于整个提取分离过程在暗场中进行，操作温度低，萃取时间短，故特别适合于对湿、热和光敏感，易氧化分解物质的萃取，尤其适宜于提取挥发性成分，具有较强的选择性。超临界流体（$CO_2$）萃取装置如图 1-6 所示。

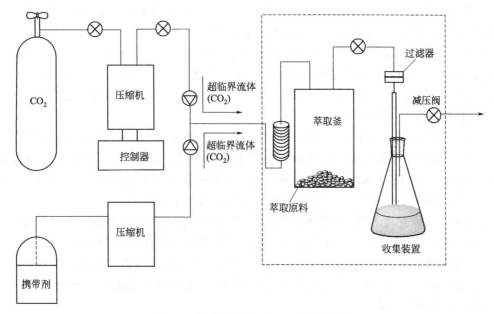

图 1-6  超临界流体（$CO_2$）萃取装置

操作步骤，以超临界 $CO_2$ 流体萃取八角茴香油为例。

①安装萃取釜  清洗并干燥萃取釜及其上下接口处的过滤器后，用两个扳手配合，拧紧萃取釜上下接口的螺丝，把萃取釜安装到正确的位置上。确认各部件及管路的安装连接良好。

②吹扫管路残余水分  关闭单向阀、动静态阀和背压阀。打开 $CO_2$ 钢瓶阀门，缓慢交替打开动静态阀和背压阀的阀门，用手指感应 $CO_2$ 流体的出现，手指感觉到很凉时，即有 $CO_2$ 流体流出，持续吹扫1min左右。关闭 $CO_2$ 钢瓶阀门，吹扫结束。

③装料  用两个扳手配合，松开萃取釜上接口螺丝，放入物料包（约装药材粉末100g）。拧紧萃取釜上接口螺丝，使之不发生泄漏。

④检查 $CO_2$ 钢瓶气压  关闭单向阀、动静态阀和背压阀，打开 $CO_2$ 钢瓶阀门。打开 $CO_2$ 泵的电源开关，选择 $CO_2$ 泵的状态为 PSI 亮灯闪烁，检查 $CO_2$ 钢瓶中气体的压力。理想的压力范围为 $800 \sim 900$psi（若实际压力低于 750psi 应立即更换 $CO_2$ 钢瓶，1psi = 0.0689MPa）。

⑤打开制冷机开关  打开 $CO_2$ 泵左下角的制冷开关。

⑥设定工作参数  接通电源，打开电源开关。

a. 温度设定。打开主机箱左边温度控制器的开关，用手按住"※"键，使用"△"和"▽"键，分别设置萃取釜和背压阀的温度。通常情况下，背压阀的温度以高于萃取釜的温度 $5 \sim 10$℃为宜。

b. 压力设定。通过改变设定模式（亮灯非闪烁时为设置模式）设定萃取釜所需的工作压力、报警压力、$CO_2$ 流量。实验压力应小于上限报警压力（具体数值根据实验精度而定）。

c. 携带剂流量设定。打开单向阀，把携带剂过滤头放入携带剂瓶中，利用注射器抽出携带剂泵中的残余气体，至抽出 $2 \sim 3$mL 携带剂为止，关闭单向阀后，再拔出注射器。打开携带剂泵开关，设定携带流量（是否需要及加入量根据实验要求而定）。

⑦ 排除萃取釜空气　打开萃取釜进、出口阀门，用$CO_2$吹扫整个系统管路，到$CO_2$气体流出后持续几分钟，吹扫结束，关闭萃取釜出口阀门。

⑧ 启动$CO_2$泵和携带剂泵　待萃取釜的温度达到设定值并维持恒定后，打开萃取釜之前的进料阀，按下$CO_2$泵和携带剂泵的RUN/STOP键，启动$CO_2$泵和携带剂泵，$CO_2$和携带剂被送入萃取釜内，直到达到所需要的压力和所需要的携带剂量为止（携带剂的总量可以通过进料速度和进料时间计算）。

⑨ 检查工作参数　改变$CO_2$高压泵工作模式（亮灯闪烁时为工作模式），观察$CO_2$的实际流量、萃取釜的实际压力（若实际压力低于750psi应立即更换$CO_2$钢瓶）、萃取仪的工作温度变化，利用秒表确定携带剂的加入量（携带剂量占萃取釜体积的5％为宜）。经过一段时间后，釜的工作温度、釜内压力会在一个平衡值内上下浮动。

⑩ 检查管路密封性　用小毛刷蘸取肥皂水均匀涂抹在管路的各个接口，观察管路的密封性，若有泄漏，必须泄压后用工具紧固，用力必须适中，绝对不可带压操作。

⑪ 萃取模式和时间　操作者可以根据实验要求选择动态或静态萃取模式、萃取时间和携带剂的加入量。注意：动态萃取过程中操作人员需耐心调节动态流量使其小于$CO_2$泵的设置流量以维持恒定压力。

⑫ 收集产品　萃取过程完成后，缓慢打开动静态阀和背压阀，收集产品。采用动态萃取时，出料速度保证实际压力、实际流量变化幅度不宜过大。采用静态萃取时，关闭$CO_2$钢瓶阀门、$CO_2$高压泵、$CO_2$高压泵制冷机、携带剂泵（携带剂不需要后即可关闭），缓慢排空（通过$CO_2$高压泵显示压力的变化）萃取釜内的气体（同时收集产品）。关闭萃取仪加热器，关闭动静态阀和背压阀。

⑬ 萃取结束　关闭各电源开关，拔出各电源插头。等待萃取釜的表面温度降低后，打开萃取釜，取出物料，操作结束。实验完成后必须清理萃取装置和实验器具、物料等，擦洗操作台以保证设施的完好。

**2. 超声波提取法**

超声波是指频率为20kHz～50MHz的电磁波，它是一种机械波，是机械振动在弹性媒质（介质）中的传播。在工业应用方面，超声波可以进行清洗、干燥、杀菌、雾化及无损检测等。超声提取法是近年来应用在中草药有效成分提取分离方面的一种最新的较为成熟的手段，其特点是利用超声波产生的强烈振动、高加速度、强烈空化效应、热效应、搅拌作用，破坏植物药材的细胞，使溶剂渗入药材细胞。同时超声波的强烈振动能传递巨大能量给浸提的药材和溶剂，使它们做高速运动，加速了胞内物质的释放、扩散和溶解，从而提高提取效率，缩短提取时间，节约溶剂，并且免去了高温对提取成分的破坏。在超声提取中，主要影响因素有提取溶剂、料液比、浸泡时间、提取时间、提取温度、提取次数、声波频率。实际应用中，应针对具体的样品品种和被提取成分，通过实验和仪器的实际参数范围来确定适宜的参数。槽式超声提取装置如图1-7所示。

操作步骤，以超声波提取马鞭草科大青属植物大青中总黄酮为例。

① 样品准备　精确称取大青叶5g，将物料

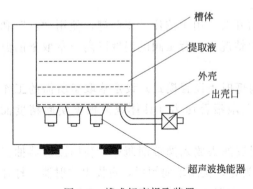

槽体
提取液
外壳
出壳口
超声波换能器

图1-7　槽式超声提取装置

切碎。

② 超声波提取　大青叶粉末中加入 67.7％乙醇 100mL（料液比 1∶20），在 63.0℃下超声波处理 82.9min 然后进行抽滤，残渣用相同浓度和体积的乙醇再超声提取一次，合并两次提取液，回收乙醇，浓缩液冷冻干燥，得到大青叶提取物，定容至 100mL。

③ 含量测定　以芦丁（rutin）为对照品，用硝酸铝-亚硝酸钠显色。准确称取 37.5mg 芦丁标准样品置于 100mL 烧杯中，用少量 60％乙醇溶解后定容至 25mL 的容量瓶中，摇匀，即可得 1.5mg/mL 的芦丁标准溶液。准确配制 7 个浓度梯度，其浓度范围在 0.0～0.9mg/mL 之间的标准品溶液，分别取 1mL 到比色管中，各加入 0.3mL 的 5％亚硝酸钠溶液摇匀后放置 6min，加 0.3mL 的 10％硝酸铝溶液再摇匀后放置 6min，加 4mL 的 1mol/L 氢氧化钠溶液，再用 60％乙醇溶液稀释至 10mL 并反应 15min 后，在 510nm 处测定其吸光度，绘制标准曲线，测得大青叶中总黄酮含量为 $(49.3\pm0.4)$mg（RT）/g（DW）。

### 3. 微波辅助提取

微波辅助提取（microwave-assisted extraction，MAE）是指使用微波及适合的溶剂在微波反应器中从各种物质中提取各种化学成分的技术和方法，具有选择性高、操作时间短、溶剂耗量少、有效成分得率高的特点，已经被应用在药材的浸出、中药活性成分的提取等方面，其缺陷是只适用于热稳定性成分的提取。微波是指波长范围是 0.001～1m、频率在 300MHz～300GHz 间的电磁波，可以穿透萃取溶剂（介质），到达药材物料内部维束管和腺细胞内而直接加热，连续的高温使细胞内部和细胞壁水分减少，细胞收缩，表面出现纹裂，空洞和裂纹的存在使细胞外液体易于进入细胞内，在较低的温度下溶解并释放细胞内产物，再通过进一步过滤和分离，便获得萃取物料。在微波辅助提取中，主要影响因素有提取溶剂、料液比、浸泡时间、提取时间、提取温度、提取次数、微波功率。实验室用微波萃取装置如图 1-8 所示。

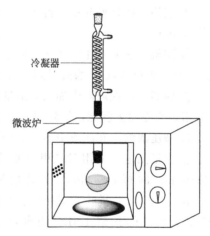

冷凝器

微波炉

图 1-8　实验室用微波萃取装置

操作步骤，以微波提取人参中总皂苷为例。

① 样品准备　人参主根 1g，切碎成粉末，过 40 目筛。

② 浸泡　将人参粉末放入 20mL 乙醚（萃取剂）中浸泡 3h（料液比 1∶20），除去脂溶性杂质后过滤，将粉末于 60℃烘干备用。

③ 微波辅助提取　人参粉末中加入 80％甲醇 20mL（料液比 1∶20），置于微波设备中，加入搅拌磁石，设置萃取功率 600W、提取温度 45℃、提取时间 5min，萃取 3 次，减压浓缩后定容至 25mL。

④ 含量测定　精密称取适量 8 种人参皂苷单体对照品，加甲醇制成每毫升含 Rg1、Re、Rf、Rb1、Rc、Rb2、Rb3、Rd 分别为 0.25mg、0.25mg、0.2mg、0.25mg、0.2mg、0.2mg、0.125mg、0.2mg 的对照品混合溶液，过 0.45μm 微孔滤膜，备用。将定容的 25mL 人参总皂苷提取物，过 0.22μm 的滤膜，色谱条件：色谱柱为 Agilent ZORBAX-C 18（250mm×4.6mm，5μm）；洗脱条件，乙腈-水梯度洗脱，梯度程序为 0～24min 由 19％～22％乙腈洗脱，24～26min 由 22％～26％乙腈洗脱，26～30min 由 26％～32％乙腈洗脱，

30～50min 由 32％～34％乙腈洗脱，50～50.1min 由 34％～80％乙腈洗脱，50.1～65min 由 80％乙腈洗脱；流速 1.0mL/min；检测波长 203nm；柱温 25℃；进样量 20μL。记录色谱峰面积，利用标准曲线计算上述 8 种人参皂苷单体的提取率，测得人参中总皂苷提取率为 6.02％。

### 4. 酶辅助提取法

药材中的有效成分多存在于植物细胞中且被包裹在细胞壁内，而植物细胞的细胞壁是由纤维素构成的，酶法就是利用纤维素酶、果胶酶、蛋白酶等破坏植物细胞壁，产生局部的坍塌、溶解、疏松，减少溶剂提取时来自细胞壁和细胞间质的阻力，以利于有效成分最大限度地溶出，提高提取效率，缩短提取时间。酶法提取具有快速、高效、反应条件温和且污染较小等优点。酶法提取可保持天然产物的构象，不破坏其立体结构和生物活性，有利于保持有效成分原有的药效。

操作步骤，以酶法提取杜仲叶中桃叶珊瑚苷为例。

① 样品准备　称取一定量杜仲叶粉末。

② 浸泡　将杜仲叶粉末置于烧杯中，加入适量的水至刚好完全浸没粉末同时轻轻搅拌，浸泡 30min。

③ 酶解　加入 0.4％的纤维素酶，在 40℃、pH＝6.0 条件下活化 10min，然后在料液比 1∶12、温度 50℃、酶解时间 50min 条件下提取两次，合并提取液。

④ 脱脂　往提取液中加入 7 倍量的石油醚脱脂，萃取 3 次，除去石油醚层，加入 6％的醋酸铅，离心除去沉淀，得到滤液。

⑤ 减压浓缩　在滤液中加入 7 倍量的正丁醇萃取 3 次，浓缩、干燥至恒重。

⑥ 含量测定　采用对二甲氨基苯甲醛法进行定量。桃叶珊瑚苷对照品用乙醇配制成 0.9mg/mL 的标准溶液，分别量取 0.05mL、0.10mL、0.20mL、0.30mL、0.40mL、0.45mL、0.50mL 桃叶珊瑚苷标准溶液于 10mL 容量瓶中，分别加入 1mL 对二甲氨基苯甲醛溶液，20％的盐酸 1mL，用水定容至 10mL，在 65℃的条件下搅拌显色 8min，冷却 10min 后，以空白试剂为参比，于 594nm 处测定其吸光度，根据吸光度与浓度建立标准曲线。同法制备提取物供试品，测定吸光度，根据标准曲线计算提取物中桃叶珊瑚苷的含量为 17.892mg/g。

## 参考文献

[1] 吴立军. 天然药物化学实验指导 [M]. 3 版. 北京：人民卫生出版社，2011.

[2] 谭睿. 天然药物化学实验 [M]. 成都：西南交通大学出版社，2011.

[3] 张永红. 天然药物化学实验指导 [M]. 厦门：厦门大学出版社，2013.

[4] 卫强. 天然药物化学实验指导 [M]. 合肥：安徽大学出版社，2014.

[5] 徐静，杨建新，李嘉诚，等. 天然产物化学课程教学改革探索 [J]. 中国科教创新导刊，2014（13）：17-18.

[6] 郑晓娟，吴启坤，魏振奇，等. 中草药提取方法研究进展 [J]. 吉林医药学院学报，2016，37（4）：290-293.

[7] 王琳. 天然产物提取常用方法分析比较 [J]. 辽宁化工，2017，46（7）：725-727.

[8] 夏委. 中药有效成分提取方法研究进展 [J]. 中国药业，2016，25（9）：94-97.

[9] 刘斌. 天然药物化学 [M]. 北京：高等教育出版社，2012.

[10] Cragg G M, Newman D J, Snader K M. Natural products in drug discovery and development [J]. Journal of Natural Products, 1997, 60（1）：52-60.

[11] Pizzorno J E, Murray M T. textbook of natural medicine-e-book [M]. Amsterdam：Elsevier Health Sciences, 2012.

［12］　杨月云，王小光. 超声辅助萃取八角茴香油的工艺研究［J］. 中国调味品，2012，37（9）：55-58.

［13］　吴芳，李雄山，陈乐斌. 超临界流体萃取技术及其应用［J］. 广州化工，2018，46（2）：19-20.

［14］　邱采奕. 超临界流体萃取技术及其在食品中的应用［J］. 科技经济导刊，2019，27（02）：155-157.

［15］　张俊，蒋桂华，敬小莉，等. 超临界流体萃取技术在天然药物提取中的应用［J］. 时珍国医国药，2011，22（8）：2020-2022.

［16］　Sahena F，Zaidul I S M，Jinap S，et al. Fatty acid compositions of fish oil extracted from different parts of Indian mackerel（*Rastrelliger kanagurta*）using various techniques of supercritical $CO_2$ extraction［J］. Food Chemistry，2010（120）：879-885.

［17］　万水昌，王志祥，乐龙，等. 超声提取技术在中药及天然产物提取中的应用［J］. 西北药学杂志，2008，23（1）：60-62.

［18］　Zhou J，Zheng X，Yang Q，et al. Optimization of ultrasonic-assisted extraction and radical-scavenging capacity of phenols and flavonoids from *Clerodendrum cyrtophyllum* Turcz leaves［J］. PLOS ONE，2013，8（7）：e68392.

［18］　郭双双，杨利民，张一鸣，等. 微波辅助萃取人参总皂苷与单体皂苷含量分析［J］. 食品科学，2015，36（2）：1-6.

［19］　郭跃山. 酶法在中药有效成分提取中的应用［J］. 首都食品与医药，2019，26（14）：195-196.

［20］　郑杰，刘端，赵肃清，等. 杜仲叶桃叶珊瑚苷的酶法提取及其抑菌活性［J］. 中药材，2012，35（2）：304-306.

# 2

## 第二章

# 天然产物的分离方法

提取浓缩后的样品一般还很杂，需要根据样品特性选择合适的分离精制方法，才能得到单体化合物。常用的分离精制方法有萃取法、沉淀法、盐析法、透析法、分馏法、结晶法和色谱法等。

## 一、萃取法

萃取法是利用混合物中各组分在两种互不相溶的溶剂中分配系数不同而达到分离目的的方法。分配系数 $K=C_U/C_L$（有效成分在上层的浓度/下层浓度）。萃取时，各成分在两相溶剂中分配系数差异越大，则分离效果越好。分离难易程度用两种有效成分在同一溶剂系统中分配系数的比值即分离因子 $\beta$ 来表示：

$$\beta=\frac{K_a}{K_b}$$

$\beta \geqslant 100$，仅需萃取一次即可实现分离；

$100 > \beta \geqslant 10$，需萃取多次（10 次）；

$10 > \beta \geqslant 2$，萃取次数 $\geqslant 100$；

$\beta = 1$，则表示采用该溶剂系统无法实现分离。

常见萃取方法有液液萃取法、pH 梯度萃取法、逆流连续萃取法、逆流分溶法与液滴逆流分配法等。

### 1. 液液萃取法

液液萃取法是指互不相溶的两相溶剂，依据物质在两相溶剂中溶解度的差异，从溶解度小的一相转移到溶解度大的一相的过程，一般一相为水相，另一相为与水相不溶的有机相，利用分液漏斗进行萃取。液液萃取，在天然产物研究中常依据物质在不同极性溶剂中溶解度的差异，对复杂混合物进行分段或对某一类化合物进行富集。

操作提示：两相溶液比例要适中，通常有机相为水相的 $1/3 \sim 1/2$，进行多次萃取（不少于三次），直至萃取液颜色较淡或无色结束萃取，比例不可接近 1：1，防止乳化。若出现乳化现象，常采用如下方法消除：①静置；②流出部分样品，再加溶剂振荡；③加热；④加少量电解质（如氯化钠等）等。

### 2. pH 梯度萃取法

pH 梯度萃取法是依据化合物在不同 pH 下存在状态不同（游离态或解离态），通过改变溶剂系统的 pH 达到分离作用，常用于分离酸碱性或两性化合物。如黄酮苷元混合物，酸性强弱不一，可依次用 5%碳酸氢钠、5%碳酸钠、0.2%氢氧化钠、4%氢氧化钠的水溶液萃取而实现分离。同理，可用 pH 从大到小的酸性缓冲溶液萃取碱性强弱不同的游离生物碱。

### 3. 逆流连续萃取法

逆流连续萃取法是一种连续的两相溶剂萃取法。将两种互不相溶、密度又存在明显差异的溶剂置于高位储存器中，密度小的溶剂作为流动相，与低位储存器中的萃取液充分接触，使两相分层明显达到分离。如用氯仿从川楝皮水提取液中提取川楝素，将氯仿置于低位储存器中，水提取的浓缩液储于高位容器内。装置如图 2-1 所示，其中萃取管内通常填充小瓷圈或不锈钢丝以便两相溶剂充分接触。该法操作简单，条件要求温和，不易乳化。萃取是否完全可用定性实验进行检查，如薄层色谱、沉淀反应等。逆流连续萃取法装置如图 2-1 所示。

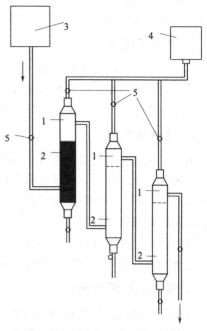

图 2-1　逆流连续萃取法装置示意图
1—萃取管；2—填料层；3—高位
储存器；4—低位储存器；5—旋塞

### 4. 逆流分溶法与液滴逆流分配法

逆流分溶法类似于多次、连续的液液萃取。经过仪器内不断地振摇、静置、转移等，可将两种分溶常数很接近或性质相似的物质分开，化合物浓度越低分溶效果越好。

液滴逆流分配法是逆流分溶的升级，装置如图 2-2 所示，在 0 号漏斗中溶入溶质并加入流动相。充分振荡，静置分层后，滴出流动相，将其移入 1 号漏斗，再在 0 号漏斗中补加新鲜流动相，再次振摇混合，静置分层并进行转移。反复操作，不断重新分配达到分离。

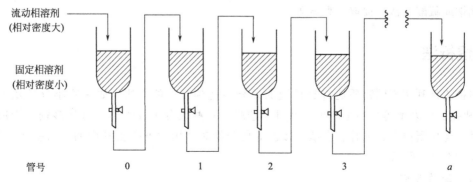

图 2-2　液滴逆流分配法装置示意图

## 二、沉淀法

沉淀法是指在天然药物的提取液中加入某些试剂，使目标分离成分或杂质产生沉淀或降低其溶解性，从而从溶液中析出，进而获得目标分离成分或去除杂质的方法。常见沉淀法有溶剂沉淀法、酸碱沉淀法和专属试剂沉淀法等。

### 1. 溶剂沉淀法

① 水/醇法　除去多糖、蛋白质、淀粉、无机盐等水溶性杂质。

② 醇/水法　除去脂溶性的油脂、树脂、叶绿素等水不溶性杂质。

③ 醇/乙醚（丙酮）法　因皂苷类在醇中溶解度大，而在乙醚中溶解度小沉淀析出。

### 2. 酸碱沉淀法

酸碱沉淀法是指通过向溶液中加入酸或碱调节 pH，使难溶于溶液的酸性（碱性）成分加碱（酸）成盐溶解，再加适量酸（碱）沉淀析出的一种分离手段。如难溶于水的生物碱，加酸成盐溶于水，再加碱游离析出；不溶于水的内酯类化合物加碱开环生成羧酸盐溶于水，再加酸重新形成内酯环析出。

操作提示：采用沉淀法分离化合物，有效成分生成沉淀时需可逆，杂质沉淀析出时不可逆；酸碱沉淀法适用于酸性、碱性和两性化合物的分离。

### 3. 专属试剂沉淀法

专属试剂沉淀法是指利用一些成分能与某些试剂产生沉淀或某些成分在不同溶剂中溶解度存在差异的性质，通过在溶液中加入特定的试剂或溶剂，使这些成分生成沉淀而与其他成分分离的方法。如酸性化合物与钙、钡、铅等生成水不溶性盐产生沉淀；生物碱与苦味酸、磷钼酸等生物碱沉淀剂形成水不溶性盐沉淀；雷氏铵盐与季铵碱生成生物碱雷氏铵盐沉淀；胆固醇与甾体皂苷生成沉淀；蛋白质与鞣质形成沉淀等。

## 三、盐析法

盐析法是指将一些易溶性无机盐如氯化钠、硫酸钠、硫酸铵、硫酸镁等加入水提液中，达到一定浓度使某些成分在水中的溶解度降低，进而沉淀析出或被有机溶剂提出，从而与水溶性杂质分离的方法。如三七的水提液中加硫酸镁生成的三七皂苷以沉淀析出；三颗针中加入氯化钠或硫酸铵盐析提取小檗碱等。

## 四、透析法

透析法是利用不同物质通过透析膜的差异性达到分离的方法。如一些小分子及小离子（如无机盐、氨基酸等）在溶液中可通过半透膜，一些大分子及大离子（如多糖、蛋白）不能通过。纯化蛋白质、皂苷、多肽、多糖等化合物时常用此方除去其中的无机盐等小分子，其原理如图 2-3 所示。

（1）操作步骤

先将半透膜扎成袋状，小心加入欲透析的试样溶液，放入烧杯中。经常更换清水使半透膜内外溶液的浓度差加大，必要时适当加热，并加以搅拌，以利透析速度加快。为了加快透析速度，还可应用电透析法，即在半透膜旁边纯溶剂两端放置二个电极，接通电路，则半透膜中的带有正电荷的成分如无机阳离子、生物碱等向阴极移动，而带负电荷的成分如无机阴离子、有机酸等则向阳极移动，中性化合物及高分子化合物则留在半透膜中。透析是否完全，须取半透膜内溶液进行定性反应检查。

图 2-3　透析法示意

（2）操作提示

半透膜的选择是透析法的关键，常用的有动物性膜、火棉胶膜、玻璃纸膜、蛋白质胶（明胶）膜等，分离和纯化皂苷、蛋白质、多肽、多糖等大分子物质时，可用透析法把一些小分子杂质如无机盐、单糖、双糖等去除；反之，也可将大分子的杂质留在半透膜内，而将小分子的物质通过半透膜进入膜外溶液中，而加以分离精制。

# 五、分馏法

分馏法是对某一混合物进行加热，利用混合物中各成分的沸点不一，随温度不同产生不同蒸气压之后冷凝分离收集不同馏分达到精制纯化的方法。实验室常用的分馏装置如图 2-4 所示。

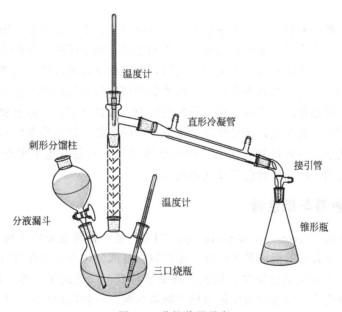

图 2-4　分馏装置示意

（1）操作步骤

操作时将待分馏的试样放入三口烧瓶中，加入沸石，整个过程中注意温度的调节，混合液沸腾后蒸气缓慢升入刺形分馏柱中，当蒸气接近柱顶时，可看情况适当降低温度，冷凝液在下降途中与继续上升的蒸气接触，如此经过多次热交换，就相当于连续多次的普通蒸馏，以致蒸气中高沸点组分被冷凝不断流回蒸馏瓶中，低沸点组分仍呈蒸气不断上升而从直形冷凝管中蒸馏出来，控制好滴速，收集馏分即可。再梯度升温，逐一把不同沸点的组分分馏出来。

（2）操作提示

一般情况下，根据实际情况来选用操作方法，若混合物组分间沸点相差较大则可能多次蒸馏就能达到效果；若沸点相差较小，则需要精细的分馏装置才能达到效果，或选择其他分离方法。可用此法分离天然药物中得到的液体混合成分，如薄荷油冷冻析出薄荷醇后，用分馏法可以分离沸点不同的组分。150～200℃，单萜类；>250℃，倍半萜类。

# 六、结晶与重结晶

结晶法是根据化合物在被选择溶剂中随温度不同溶解度差异相对较大而使部分物质析出的方法。重结晶是二次或多次结晶。化合物自身的性质是影响结晶的关键因素，再者，溶液浓度和被选择的溶剂也尤为重要。被选择溶剂通常沸点不是很高，与被结晶成分不发生反应，相对较为稳定，对于结晶成分，温度相对高时溶解度大，温度相对低时溶解度小。

主要操作步骤包括：①溶解，将粗晶或较纯化合物加入适宜溶剂微沸制成近饱和溶液；②热滤，趁热过滤，除去溶性杂质；③析晶，将滤液慢慢冷却，晶体缓慢析出；④抽滤，抽滤得到晶体。

# 七、色谱法

色谱法作为天然产物化学分离的主要方法，在各个学科中有着重要作用及广泛用途。其基本原理是利用混合物中各组分在固定相与流动相之间，由于吸附、分配或者其他相对作用力不同达到分离作用。流动相通常为液体或气体，固定相可以是固体或液体。根据原理及操作条件等有多种分类方式，如各成分在固定相中的作用原理不同的吸附色谱和分配色谱。吸附色谱中一般以氧化铝和硅胶作固定相，分配色谱中一般以硅胶、硅藻土和纤维素作为支持剂，支持剂本身不起分离作用，而是吸收大量液体为固定相。按操作条件不同，分为薄层色谱、纸色谱、柱色谱、高效液相色谱及气相色谱等类型。本书概述了实验中常用的薄层色谱、纸色谱、柱色谱、高效液相色谱及气相色谱。

## （一）薄层色谱与纸色谱

薄层色谱法（thin layer chromatography，TLC）是一种将提取物溶液点在附有适宜固定相的薄层板上，用合适的溶剂系统展开，使提取物各成分斑点出现在薄层板上不同位置而得到分离的方法。该方法具有简单、快速、微量等特点，广泛用于天然产物中化合物的分离、定性及定量分析等。以吸附薄层色谱板的制备为例，一般包括制板、点样、展开、显色定性观察和测定比移值等五个部分。纸色谱是一种以滤纸为支持剂，滤纸上吸附的水（或根据实际分离的需要，经适当处理后滤纸上吸附的溶液）为固定相，以一定的溶剂系统为移动相进行展开，而使试样中各组分达到分离的方法。操作与薄层色谱法基本相似。现就薄层色谱法的实验操作进行介绍。

### 1. 制板

制备薄层的载板通常选择玻璃，规格有 10cm×20cm、20cm×20cm 等，视需要而定。

需注意的是，针对不同的分离对象，吸附剂不同，原材料用量配比也不同，以下以硅胶薄层色谱为例。使用前须保证玻璃夹板干净、平整。

在研钵里加入硅胶 5g，再加入约 17mL 0.5% 羧甲基纤维素钠（CMC-Na）水溶液，充分研磨，调成糊状，均匀涂布于载玻片上。涂层厚度通常为 0.2～0.25mm，室温下自然风干，然后再将板置于 110℃ 烘箱中活化约 30min，取出置于干燥处备用。为了达到涂布效果，往往使用涂布器，将涂布器与玻璃夹板固定好，设置好厚度，将糊状物倒入涂布器中，平稳地迅速移动涂布器即可。涂布器涂布如图 2-5 所示。

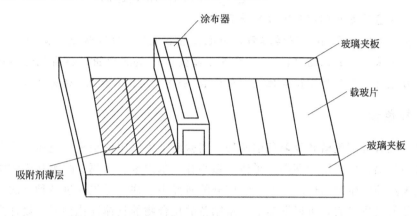

图 2-5　涂布器涂布示意图

## 2. 点样

通常选用合适易挥发的有机溶剂将试样完全溶解，在板上用铅笔画一条距底端 10mm 的线作为基线，在基线处用毛细管吸取少量液体点于板上，直径一般不超过 4mm，如图 2-6（a）所示。

## 3. 展开

点样结束，溶剂挥干后，在密闭容器如层析缸中展开，选择合适的展开剂配好迅速倒入槽中，保证槽内溶剂不会没过点样基线，混合均匀饱和 30s，把板放好放稳，如图 2-6(b) 所示，待试样沿线展开到距离板最上端 10mm 时取出，置于通风橱里挥干待处理。

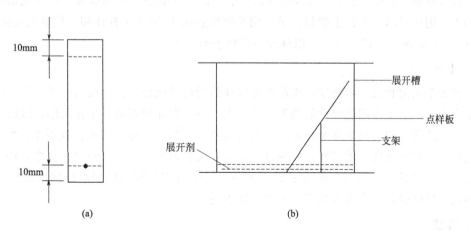

图 2-6　薄层色谱点样示意图（a）和薄层色谱展开示意图（b）

### 4. 显色定性观察及测定比移值

展开结束后，先在日光下观察有无斑点，有的话则圈好做好标记，再在紫外灯 254nm 和 365nm 波长下观察斑点并圈好做好标记，对比看是否处于同一位置。根据化学成分类型的不同，选择不同的特征显色剂及通用显色剂如香草醛-硫酸显色剂进行定性对比。实验结束后，通常用比移值来表示斑点的位置情况。

$$比移值\ R_f = \frac{起始点至色谱斑点中心的距离}{起始点至溶剂前沿的距离}$$

**实验实例** 对硝基苯胺和邻硝基苯胺的薄层鉴别

取 10mg 样品分别用 4mL 甲醇溶解，用毛细管在 GF$_{254}$ 硅胶板上一定间距分别点两个点，展开剂为甲苯：乙酸乙酯（4：1），展开至离板顶 0.5cm 取出，待有机溶剂在通风橱挥干后，圈出日光灯及紫外灯下斑点位置，邻位 $R_f$ 值为 0.4，对位 $R_f$ 值为 0.6。

## （二）柱色谱

柱色谱一般有分配色谱和吸附色谱两种，实验室最为常用的是吸附色谱。柱色谱适用于亲脂性成分的分离，广泛用于萜类、甾体、强心苷、苯丙素、黄酮、醌类和生物碱等化合物的分离。在天然药物生物活性成分及化学成分的研究中，往往是先通过各种方法获得其中的生物活性成分的大概组成，再根据需要大量制备的化合物的具体理化性质，设计简化的分离方法，通过大量的试验改进、比较，制定出适合工业化生产的提取分离方法。下面以湿法装柱、干法上样为例，对操作步骤进行介绍。

### 1. 色谱柱的选择

图 2-7 所示为柱色谱装置，常用的内径与柱长之比在 1：15 左右，通常只是除去杂质不溶物如色素等或分离性质差别比较大的化合物时，选择短粗的即可，若分离性质差别不大的化合物则需选择细长的色谱柱。

### 2. 装柱

选择好干净的柱子，固定好，先加入洗脱剂中低极性的有机溶剂，撕好细长条的脱脂棉，摊开放入，溶液没过脱脂棉，用玻璃棒捅平压实脱脂棉，脱脂棉位置一般在 3cm 左右，加入少许石英砂（1cm）填平，加入用低极性溶剂提前浸泡超声好的硅胶，搅拌成糊状，一次性倒入，用洗耳球从下往上敲打柱子，用低极性溶剂冲 2～3 个柱体积，使硅胶沉降完全，上面留 2～3cm 液面，待上样。一般硅胶装至柱子的 3/4。

### 3. 上样

活塞处于关闭状态，将蒸发皿里研磨好的样品用药匙缓慢一次性加入柱子上层，壁上尽量不要沾样品，沾了则用低极性的洗脱剂洗下去，一直保证液面略高于样品层，以防止柱子干裂。打开活塞，使液面下降至样品层，关闭活塞，缓慢沿壁加入低极性洗脱剂，加至 1～2cm 左右，又打开活塞，重复操作 3 遍以上，保证洗脱剂上层是清澈的为止。之后待液面降至样品层，关闭活塞，加入 2cm 左右的石英砂，使洗脱剂与样品层隔离的同时起到缓冲作用，加入少量洗脱剂，再加入棉花，再倒入洗脱剂。

### 4. 洗脱

打开活塞后，滴速可自行控制，不成线即可，一般按柱体积的 1/15～1/10 接流出成分，有色带时按色带来接，然后旋蒸浓缩，点板，把相同组分合并，然后进一步分离。如为单一组分，则送去检测。

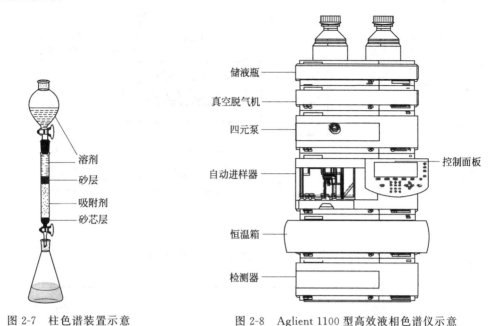

图 2-7　柱色谱装置示意

储液瓶
真空脱气机
四元泵
自动进样器
控制面板
恒温箱
检测器

溶剂
砂层
吸附剂
砂芯层

图 2-8　Aglient 1100 型高效液相色谱仪示意

### （三）高效液相色谱法

高效液相色谱法（high performance liquid chromatography，HPLC）是用高压输液系统将流动相泵入装有高效固定相的色谱柱中，再采用高灵敏度的检测器进行检测，从而对样品实现分析的一种方法。具有分离效果好、选择性强、灵敏度高、分离速度快等特点，可用于分析难挥发、热稳定性差的化合物，只要被测样品能够溶于溶剂同时被检测，就可以进行分析。通常由高压输液系统、进样系统、分离系统、检测系统和数据处理系统组成。图 2-8 为 Aglient 1100 型高效液相色谱仪示意。

### （四）气相色谱法

气相色谱法（gas chromatography，GC）是一种通常以惰性气体作为载气即流动相将样品带入 GC 系统进行分离的方法，通常由气路系统、进样系统、柱分离系统、检测系统、数据处理系统及控制系统等组成。GC 在天然产物化学成分研究中应用较为广泛，常与质谱联用，如定性分析，利用气相色谱法研究乌鸡白凤丸的真伪；定量分析，对中药复方中多个有效成分的含量测定。但一般需在较高温度下进行分离测定，其应用范围又受到较大限制，只能分析气体和沸点较低的化合物。近年来，气相色谱在很多方面均有发展，如批量处理高灵敏度的全二维气相色谱、新型固定相的开发等。图 2-9 为气相色谱工作原理示意。

以 GC 法对沉香化气片样品的定性分析为例。色谱柱：Agilent DB-5（30m×0.25mm×0.25μm）柱；载气：氮气；进样口温度为 250℃；进样模式：分流；分流比为 5∶1。程序升温：初始温度为 60℃，保持 2min，以 2.5℃/min 的速率升温至 250℃，保持 10min；平衡时间为 3min；FID 检测器温度：250℃；进样量：1μL。以正十八烷标准品溶液进样为例分析，所得图谱与进样图谱重叠比较，如图 2-10 所示。

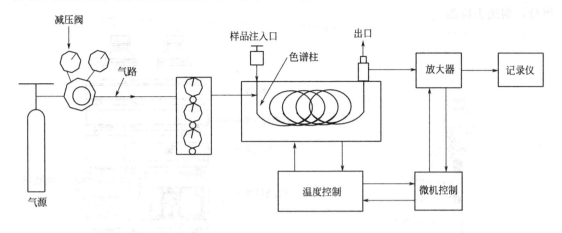

图 2-9　气相色谱工作原理示意

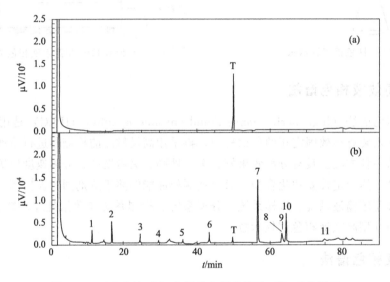

图 2-10　正十八烷（a）和沉香化气片样品（b）的色谱图

## 八、天然产物化学成分的系统预实验

　　预实验通常可以通过一些简单、灵敏、快速、可靠的方法，预先知道生物体中某类成分的存在与否，或某一生物体都含有哪些类型的成分，借以了解其中所含成分的概貌以及某种成分的存在和分布情况，以便设计科学合理的研究方案。薄层色谱法广泛用于天然产物化学预实验，具有简单方便、效率高等特点。掌握薄层色谱法的操作与开展天然产物中各类化学成分的特征反应预实验对后续的实验起着重要作用。

　　（1）糖和苷

　　① 斐林（Fehling）反应　取供试液 1mL，加入新鲜配制的斐林试剂 0.5mL，在沸水浴上加热 4～5min，若产生砖红色沉淀，即表示可能有还原糖。若要检查多糖或苷，可另取供

试液 3mL，加入 10%盐酸 1mL 于沸水浴上加热 10min 左右使其水解，冷却后，用 5%氢氧化钠水溶液中和，再加入斐林试剂 1mL 于沸水浴上加热 4～5min，若产生砖红色沉淀，即表示可能有多糖或苷。

② α-萘酚（Molish）反应　取供试液 1mL，加入 5% α-萘酚乙醇溶液 3～4 滴，振荡摇匀稳定后，倾斜试管，沿管壁缓慢加入浓硫酸 0.5mL，如试液与浓硫酸交界面出现紫红色环，即表示有糖或苷。

（2）生物碱

取供试酸性水溶液 1mL，加入不同沉淀试剂，出现不同的颜色反应或沉淀，则表明可能有如下生物碱。

① 碘化铋钾　有橘红色或黄色沉淀产生。

② 碘化汞钾　有白色或浅黄色或白色沉淀产生。

③ 硅钨酸　有浅黄色或灰白色沉淀产生。

④ 苦味酸　试液调至中性后加入，有黄色沉淀产生。

（3）黄酮类化合物

① 盐酸-镁粉反应　取供试乙醇溶液 1mL，加入镁粉少许及浓盐酸数滴，水浴加热，如出现颜色变化，即表示可能含有黄酮类化合物。

② 三氯化铝反应　将供试乙醇溶液滴于滤纸片上，待干燥后，滴加 1%三氯化铝乙醇溶液，如斑点呈黄色，挥干后紫外灯下观察有亮黄色荧光斑点，即表示可能含有黄酮类化合物。

③ 氨熏试验　取供试乙醇溶液滴于滤纸上，待干燥后，置于浓氨水瓶上熏，然后置于紫外灯下观察，如有黄色荧光斑点，即表示可能含有黄酮类化合物。

（4）甾体及三萜类化合物

① 醋酐-浓硫酸反应　取供试乙醇溶液 2mL，水浴蒸干，加醋酐 1mL，然后缓慢滴加浓硫酸数滴，如溶液颜色出现一系列颜色变化最后为绿色，由黄→红→紫→蓝，即表示可能含有甾体化合物；若最后出现蓝色，即表示可能有三萜类化合物。

② 泡沫实验　取中性或弱碱性供试液，用力摇晃产生大量泡沫，若放置十多分钟泡沫仍无显著消失即表明可能含有皂苷成分。

③ 磷钼酸反应　将供试石油醚提取液，点在 TLC 板上，喷洒 25%磷钼酸乙醇溶液，置于烤炉或电热套上加热，若有蓝色、黄绿色出现，即表明可能含有甾体化合物。

（5）蒽醌类

① 碱液试验（Borntrager 反应）　取供试乙醇提取液 1mL，加入 10%氢氧化钠水溶液 1mL，如出现红色或蓝色，即表示可能含有羟基蒽醌。

② 醋酸镁反应　取供试乙醇提取液 1mL，加入醋酸镁溶液 3～4 滴，如反应液呈紫色、蓝色等，即表示可能含有蒽醌。颜色与化合物羟基数目、位置有关。

## 参考文献

[1]　谭睿. 天然药物化学实验 [M]. 成都：西南交通大学出版社，2011.

[2]　吴立军. 天然药物化学实验指导 [M]. 3 版. 北京：人民卫生出版社，2011.

[3]　张永红. 天然药物化学实验指导 [M]. 厦门：厦门大学出版社，2013.

[4]　卫强. 天然药物化学实验指导 [M]. 合肥：安徽大学出版社，2014.

［5］　罗永明，饶毅. 中药化学成分分析技术与方法［M］. 北京：科学出版社，2017.

［6］　刘斌. 天然药物化学［M］. 北京：高等教育出版社，2012.

［7］　尹子丽，杨仙雨，张洁. 民族民间药狭叶藜芦生药学研究［J］. 云南中医中药杂志，2015，36（3）：57-59.

［8］　林丽，王振恒，晋玲. 狭叶花花柴的生药学鉴定［J］. 时珍国医国药，2018，29（5）：1108-1110.

［9］　付小梅，彭水梅，罗光明，等. 气相色谱法新进展及其在中药研究中的运用［J］. 中国现代中药，2013，15（3）：195-199.

［10］　李文良. 双水相萃取分离天然产物及其在卷烟上的应用［D］. 武汉：华中科技大学，2013.

［11］　Sarker S D，Latif Z，Gray A I. Natural Product Isolation［M］. New York：Humana Press，2006：1-25.

［12］　Kjer J，Debbab A，Aly A H，et al. Methods for isolation of marine-derived endophytic fungi and their bioactive secondary products［J］. Nature Protocols，2010，5（3）：479-490.

［13］　Ebada S S，Edrada R A，Lin W，et al. Methods for isolation，purification and structural elucidation of bioactive secondary metabolites from marine invertebrates［J］. Nature Protocols，2008，3（12）：1820-1831.

# 3

## 第三章

# 生 物 碱

## 实验一　黄柏中小檗碱的提取、分离和检识

黄柏为芸香科黄柏（关黄柏）（*Phellodendron amurense* Rupr）和川黄柏（*P. chinense* Schneid）去除外栓皮的树皮，具有清热解毒、泻火燥湿之功效。主治细菌性痢疾、急性肠炎、口疮、风湿性关节炎、泌尿系统感染等，外用治疗烫伤、急性结膜炎等。黄柏的有效成分主要是生物碱，主要为小檗碱、巴马亭、木兰花碱、黄柏碱、药根碱等，其中小檗碱（Berberine，亦称黄连素）含量最高，可达 4%～10%，是临床上常用的一种广谱抗菌药，主要用于治疗菌痢、胃肠炎、痈肿等细菌性感染，目前工业提取小檗碱主要以三颗针为原料。

小檗碱(黄连素)

小檗碱，分子式为 $C_{20}H_{18}NO_4$，分子量为 336.4，为黄色针状结晶，味苦。游离的小檗碱是季铵碱，能缓缓溶于水（1∶20）及乙醇（1∶100）中，易溶于热水及热乙醇，难溶于乙醚、石油醚、苯、三氯甲烷等有机溶剂。小檗碱的盐类除中性硫酸盐（1∶30）、磷酸盐（1∶15）外，一般在水中的溶解度均较小，盐酸盐尤其小（1∶500），但在热水中都比较容易溶解。

### 一、实验目的

1. 掌握水溶性生物碱的提取原理和方法。

2. 掌握生物碱的化学检识方法。

3. 熟悉氧化铝柱色谱的基本操作方法以及其在中药有效成分提取分离中的应用。

## 二、实验原理

本实验利用小檗碱的溶解性及黄柏中含黏液质的特点，首先用硫酸酸化使黄柏中小檗碱转化为硫酸盐，用水提取，用石灰乳沉淀黏液质，再加盐酸使其转化为盐酸盐，结合盐析法降低其在水中的溶解度，沉淀析出盐酸小檗碱粗品，用氧化铝色谱法分离精制，最后用生物碱沉淀试剂及显色剂来检识。

## 三、实验仪器和药品

**原料**：黄柏粗粉 200g。

**试剂**：生石灰、1%硫酸、浓硫酸、浓盐酸、浓硝酸、次氯酸钠、10%氢氧化钠、丙酮、95%乙醇、稀硫酸、氯化钠、改良碘化铋钾试剂、中性氧化铝（100～20 目）、盐酸小檗碱标准品。

**仪器**：10mL、100mL、500mL、1000mL 烧杯，试管架，托盘天平，量筒，分液漏斗，三角漏斗，三角烧瓶，胶头滴管，玻璃棒，布氏漏斗，电热套，薄层板，薄层色谱缸，点样毛细管，铅笔，直尺紫外可见分光光度计，渗滤筒，色谱柱。

## 四、实验步骤流程

### 1. 小檗碱的提取

称取黄柏粗粉 200g，加入 1%硫酸 600mL，搅拌均匀，放置 30min 后，装入渗滤筒内渗滤，流速以 5～6mL/min 为宜。收集渗滤液 500～600mL 即可停止渗滤。渗滤装置如图 3-1所示。

### 2. 小檗碱的精制

渗滤液加入石灰乳调 pH 至 11～12，静置沉淀，脱脂棉过滤，用浓盐酸调 pH 至 2～3后过滤，再加入溶液量的 10%氯化钠，搅拌溶解，溶液静置过夜，析晶，滤取结晶，得盐酸小檗碱粗品。

### 3. 色谱法分离盐酸小檗碱

（1）装柱 取一根 1.5cm×40cm 的色谱柱，管内先加一定体积的洗脱剂（此处用 95%乙醇），打开螺旋夹放出管内乙醇，将色谱柱下端的空气泡充分赶尽，然后再加 95%乙醇至色谱柱的下端 1～2cm 处，关闭螺旋夹。取中性氧化铝 35g 于烧杯中，加入 50mL 95%乙醇调成浆状，赶尽气泡，再经小玻璃漏斗将浆状氧化铝慢慢注入柱中，当氧化铝到达柱底时，打开下端螺旋夹，让洗脱液缓缓流出，并不断用手轻轻振动色谱柱，使氧化铝沉淀均匀，当柱内液面接近氧化铝柱时，关闭螺旋夹。

（2）上样 取 50～100mg 上述提取的含盐酸小檗碱的样品，加少量 95%乙醇于水浴上加热，吸取上层清液 1mL 左右，用滴管沿着色谱柱壁缓缓加入。

（3）洗脱 用滴管吸取 95%乙醇，沿管壁轻轻加入柱内，打开螺旋止水夹，控制流速20～30 滴/min，并收集开始流出的鲜黄色带，此段为盐酸小檗碱，其余色带为其他成分。柱色谱装置如图 3-2 所示。

### 4. 盐酸小檗碱的检识

（1）化学检识

① 丙酮小檗碱实验 取自制盐酸小檗碱约 50mg，溶于 5mL 热水中，加入 10% NaOH

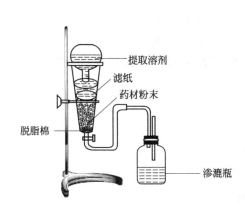

图 3-1  渗漉装置

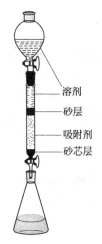

图 3-2  柱色谱装置

溶液 2mL，显橙色，放置冷却，加入丙酮约 0.5mL，静置，有黄色丙酮小檗碱结晶析出。

② 浓硝酸、漂白粉实验  取自制盐酸小檗碱少许，加入 1% 硫酸 8mL 溶解，搅拌均匀，分别置于两支试管中，一支加少量漂白粉（或次氯酸钠），即显樱红色；另一支加入浓硝酸 1～2 滴，也显樱红色。

③ 生物碱沉淀反应  取自制盐酸小檗碱少许，加入 1% 硫酸 12mL 溶解，分别置于三只试管中，分别加入碘化汞钾、碘化铋钾试剂、硅钨酸试剂，观察现象。

（2）薄层色谱鉴别

吸附剂：硅胶 $GF_{245}$ 薄层板。

展开剂：三氯甲烷-甲醇-氨水（14：4：0.5）。

样品液：自制盐酸小檗碱甲醇溶液（每 1mL 含 1.0mg 盐酸小檗碱）。

对照品液：盐酸小檗碱标准品甲醇液（每 1mL 含 1.0mg 盐酸小檗碱）。

显色：置紫外灯 365nm 下检视，再喷雾改良碘化铋钾试剂。

结果：记录样品斑点和对照样品斑点的颜色和位置，计算 $R_f$。

实验步骤流程见图 3-3。

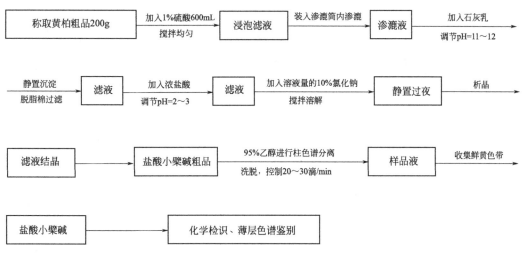

图 3-3  实验步骤流程图

## 五、操作要点

1. 上氧化铝填料之前要将浆状氧化铝充分搅拌，以排除气泡。

2. 湿法上样要缓慢加入，保持柱内氧化铝柱顶上端平面平整。

3. 柱色谱分离过程中要注意添加溶剂，要始终保持溶剂将填料淹没（至少高出 1～2cm），不能使填料干涸，以免影响分离效果。

## 六、思考题

1. 黄连小檗碱提取过程中加入 NaCl 的作用是什么？

2. 黄柏中的小檗碱还可以采用哪些方法进行提取？

### 参考文献

[1] 尹蓉莉，杨军宣. 黄柏中盐酸小檗碱提取实验方法的改进 [J]. 基层中药杂志，2000，14（6）：27-29.

[2] 杨丽嘉，孙默然，李继成，等. 黄柏中盐酸小檗碱提取工艺的改进 [J]. 河南医学研究，2006，15（2）：119-120.

# 实验二 水蒸气蒸馏法提取烟碱

烟碱，又称尼古丁（Nicotine），是一种存在于茄科茄属植物中的生物碱，也是烟草的重要成分，在烟叶中的含量为 $1\%\sim3\%$，占烟叶中总生物碱含量的 $95\%$ 以上。它能迅速溶于水及酒精中，通过口、鼻、支气管黏膜，很容易被人体吸收。粘在皮肤表面的尼古丁，可"渗"入人体内。近年来发现，烟碱作用于中枢神经递质系统，能够促进多巴胺释放，可改善阿尔茨海默症和精神分裂症症状。

烟碱

将水蒸气通入不溶或难溶于水但有一定蒸气压的有机物中，与水一起共热时，整个系统的蒸气压为各组分蒸气压之和，即 $p_总＝p_水＋p_{有机物}$，当系统总蒸气压与外界大气压相等时，液体沸腾。此时混合物的沸点显然低于任何一个组分的沸点，即有机物可在低于 $100℃$ 的温度下随蒸气一起蒸馏出来。

## 一、实验目的

1. 掌握水蒸气蒸馏的原理及其应用
2. 掌握水蒸气蒸馏的装置及其操作方法

## 二、实验原理

烟碱是一种含氮的碱性化合物，很容易与盐酸反应生成烟碱盐酸盐而溶于水。在提取液中加入强碱如 NaOH 后可以使烟碱游离出来，游离烟碱在 $100℃$ 左右具有一定的蒸气压，因此，可利用水蒸气蒸馏法分离提取。烟碱不仅可以使红色石蕊试纸变蓝，还可以使酚酞试剂变红，并可以被 $KMnO_4$ 溶液氧化生成烟酸，与生物碱试剂作用产生沉淀。

## 三、实验仪器和药品

**原料：**粗烟叶或烟丝。

**试剂：** $10\%$ HCl、$40\%$ NaOH、$0.5\%$ $Na_2CO_3$、$0.1\%$ $KMnO_4$、$0.1\%$酚酞、红色石蕊试纸、饱和苦味酸。

**仪器：**回流装置（套）、水蒸气蒸馏装置（套）、电热套、铁架台、沸石、3mL 离心试管、25mL 锥形瓶、100mL 烧杯、100mL 量筒。

## 四、实验步骤流程

### 1. 烟碱的提取

（1）粗提烟碱　取 5 支香烟，拨去外纸，将烟丝置于 100mL 圆底烧瓶内，加入 60mL

10％HCl 溶液，按照从下往上、从左到右的顺序安装好如图 3-4(a) 所示的回流提取装置，回流 20min。

（2）提取烟碱　将反应化合物冷却至室温，在不断搅拌下慢慢滴加 40％NaOH 溶液，使之呈明显碱性（用红色石蕊试纸检验）。安装好如图 3-4(b)［或者（c）］所示的水蒸气蒸馏装置，通入冷却水后，用电热套加热水蒸气发生器，当有大量水蒸气产生时，关闭 T 形管上的止水夹，收集约 10mL 提取液后，打开止水夹，再停止加热，待体系稍冷，停止通入冷却水。

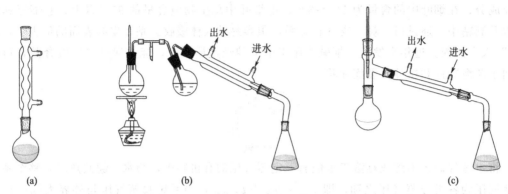

图 3-4　回流提取装置（a）、水蒸气蒸馏装置（b）和简易水蒸气蒸馏装置（c）

**2. 烟碱的性质检验**

（1）碱性试验　取 10 滴烟碱提取液，加入 1 滴 0.1％酚酞试剂，振摇并观察现象。另取 1 滴烟碱提取液在红色石蕊试纸上，观察试纸的颜色变化。

（2）氧化反应　取 20 滴烟碱提取液加入 1 滴 0.1％ KMnO₄ 溶液和 3 滴 5％ Na₂CO₃ 溶液，摇动试管，于酒精灯上微热，观察颜色是否变化，有无沉淀生成。

（3）与生物碱的反应　取 10 滴烟碱提取液，逐滴加入饱和苦味酸，边加边摇动，观察有无黄色沉淀生成。

实验步骤流程见图 3-5。

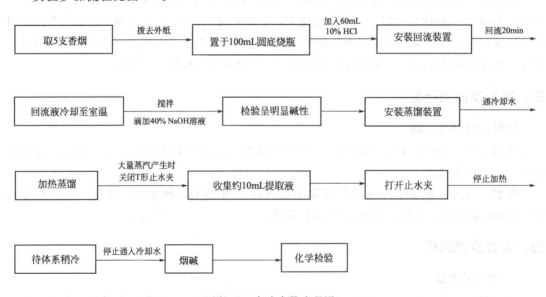

图 3-5　实验步骤流程图

## 五、注意事项

1. 欲提高烟碱的得率，应注意烟叶的稀碱处理、萃取和结晶操作。
2. 回收萃取剂乙醚时务必用水浴蒸馏，温度要控制在 80℃ 以下。
3. 结晶时，宜慢慢冷却，以有利于结晶生长。

## 六、思考题

1. 为何要用盐酸溶液提取烟碱？
2. 水蒸气蒸馏提取烟碱时，为何要用 40％NaOH 溶液中和至明显的碱性？
3. 与普通蒸馏相比，水蒸气蒸馏有何特点？

### 参考文献

[1] 黄明楷，李涛，陈燕丹. 水蒸气蒸馏法提取烟碱实验中存在的问题与改进建议 [J]. 农业与技术，2010，30（1）：190-192.

[2] 张佳杰，薛敏，魏天晔，等. 烟碱提取方法研究进展 [J]. 食品安全质量检测学报，2018，9（10）：2285-2290.

# 实验三　升华法提取茶叶中的咖啡因

茶叶中含有多种生物碱，其中以咖啡碱（又称咖啡因，caffeine）为主，约含 $1\%\sim5\%$，此外还含有 $11\%\sim12\%$ 的丹宁酸（又名鞣酸），$0.6\%$ 的蛋白质、色素和纤维素等成分。咖啡因是杂环化合物嘌呤的衍生物，它的化学名称为 1,3,7-三甲基-2,6-二氧嘌呤。

嘌呤　　　　　　咖啡因

咖啡因 $(C_8H_{10}O_2N_4)$ 含结晶水时为无色针状结晶、味苦、弱碱性，常以盐或游离状态存在，易溶于氯仿，略溶于水、丙酮和乙醇，微溶于苯和乙醚。咖啡因在 100℃ 时即失去结晶水，并开始升华，120℃ 时升华相当显著，至 178℃ 时升华很快。无水咖啡因的熔点为 234.5℃。

工业上咖啡因主要通过人工合成制得。咖啡因具有刺激心脏、兴奋大脑神经和利尿等作用，因此可用作中枢神经兴奋药，它也是复方阿司匹林（APC）等药物的组分之一。

## 一、实验目的

1. 掌握从茶叶中提取咖啡因的原理及方法。
2. 掌握索氏提取器的安装和使用方法。
3. 掌握升华法提纯有机化合物的操作。

## 二、实验原理

提取茶叶中的咖啡因，往往利用适当的溶剂（氯仿、乙醇、苯等）在索氏提取器中连续抽取，然后蒸去溶剂，即得粗咖啡因。粗咖啡因还含有其他一些生物碱和杂质，利用咖啡碱可以升华的性质进一步纯化。

## 三、实验仪器和药品

**原料：** 10g 茶叶末（红茶）。

**试剂：** 95％乙醇、生石灰。

**仪器：** 索氏提取装置（套）、升华装置（套）、量筒、铁架台、蒸发皿、表面皿、玻璃棒、棉花、圆形滤纸、刮刀、水浴锅、升降台、电热套、天平、熔点仪、沸石。

## 四、实验步骤流程

### 1. 咖啡因的粗提

（1）样品准备　先将滤纸做成与提取器大小相适应的套袋。称取 10g 茶叶，略加粉碎，装入纸袋中，上下端封好，装入索氏提取器中，在 250mL 的圆底烧瓶中加入 80mL 95％乙醇，1～2 粒沸石。

（2）仪器安装　安装索氏提取器，从电热套开始，按从下往上的顺序安装；圆底烧瓶不能与电热套接触，要有一定的距离，以便于采用空气浴均匀加热。

（3）连续萃取　索氏提取器安装后，在提取器中倒入 40mL 95％乙醇，装上冷凝管［装置如图 3-6(a)］。用加热套加热，溶剂蒸气从导气管上升到冷凝管中，被冷凝成液体后，滴入提取器中，萃取出茶叶中的可溶物，此时溶液呈深草绿色，当液面上升到与虹吸管一样高时，提取液就从虹吸管流入烧瓶中，这为一次虹吸，连续提取 1～1.5h，茶叶每次都能被纯溶剂所萃取，使茶叶中的可溶物质富集于烧瓶中，烧瓶中液体颜色变深、提取器中萃取液颜色变浅（通常发生 4～6 次虹吸），待提取器中再次发生虹吸、液体流空下去时，立即停止加热。

**2. 浓缩与焙干**

（1）蒸馏浓缩　待提取装置稍冷无回流后，改为蒸馏装置，回收提取液中的大部分乙醇，待瓶内残留乙醇体积约为 10～15mL 后，停止蒸馏。

（2）加碱中和　趁热将瓶中的残液倾入蒸发皿中，拌入 3～4g 生石灰粉，使其成糊状。

（3）焙炒除水　将蒸发皿放在水浴锅上，90℃加热蒸干，其间应不断用玻璃棒搅拌，并压碎块状物，使之呈粉末状（灰绿色），之后将蒸发皿放在有石棉网的电热套上小火焙炒，除尽水分，冷却后，擦去沾在蒸发皿边上的粉末，以免在升华时污染产物。

**3. 咖啡因的纯化**

（1）仪器安装　安装升华装置［装置如图 3-6(b)］。将蒸发皿放在垫有石棉网的电热套上，蒸发皿上覆盖面盖一个事先刺了许多小孔的滤纸，取一只口径合适的玻璃漏斗，在颈部塞上一小团棉花，倒扣在覆盖滤纸的蒸发皿上。

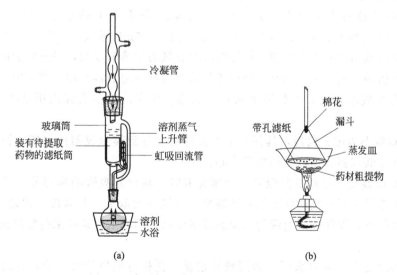

图 3-6　索氏提取装置（a）和升华装置（b）

（2）升华　用电热套加热蒸发皿进行升华（通常需要 10～15min），当滤纸面上（尤其滤纸孔或面下现象更明显）出现许多白色毛状结晶时，暂停加热，让其自然冷却至100℃左右，小心取下漏斗，揭开滤纸，用刮刀将纸上和器皿周围的咖啡因刮下。

（3）二次升华　残渣经拌和后用较大的火再加热片刻，使升华完全。合并两次收集的咖啡因，称重，计算产率。

### 4. 咖啡因熔点的测定

用熔点测定仪测定其熔点，与文献报道数据对比。纯咖啡因的熔点为 234.5℃。

实验步骤流程如图 3-7 所示。

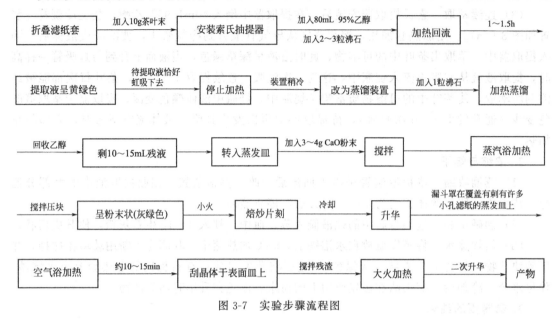

图 3-7　实验步骤流程图

## 五、注意事项

1. 在操作前先预习第一章中索氏提取器萃取、蒸馏和升华的原理和实验基本操作。

2. 1g 咖啡因能溶于 5.5mL 氯仿、66mL 乙醇、22mL 60℃热乙醇、46mL 水、5.5mL 80℃热水、1.5mL 沸水、50mL 丙酮、530mL 乙醚、100mL 苯或 22mL 沸苯中。本实验既可选用氯仿也可选用乙醇作萃取剂。尽管咖啡因在氯仿中溶解度大，需要较少的次数就可提取完全，且氯仿沸点低，易于回收。但由于氯仿对人有一定的毒性和麻醉作用，易于在空气中挥发，且购置成本较高；乙醇廉价易得，无毒、环保，故本实验选用 95％乙醇作为萃取剂。

3. 索氏提取器为配套仪器，其任一部件损坏将会导致整套仪器的报废，特别是虹吸管极易折断，在安装仪器和拿取时须特别小心。

4. 滤纸套的高度不要超过虹吸管，否则提取时，高出虹吸管的那部分就不能浸在溶剂中，导致提取效果不好；其粗细要能紧贴器壁，又能方便取放，其高度不得超过导气管口；纸套上面折成凹形，以保证回流液均匀浸润被萃取物。用滤纸包茶叶末时要严密，防止漏出堵塞虹吸管。

5. 蒸馏瓶中乙醇不可蒸太干，否则残液很黏，转移时损失较大。转移后的烧瓶要及时清洗。

6. 拌入生石灰要均匀，生石灰的作用除吸水和中和外，还可中和除去部分酸性杂质（如鞣酸）。

7. 在萃取回流充分的情况下，升华操作是实验成败的关键。升华过程中，始终都须严格控制加热温度，如果温度过高，会使产物发黄（分解）甚至炭化，还会把一些有色物带出来，导致产物不纯；如果温度过低，升华速度慢，或难以观察到咖啡因发生升华，影响收率。

8. 升华中若有较多茶油产生，可以在蒸发皿冷却情况下擦去茶油。以免污染产物。

9. 刮下咖啡因时要小心操作，防止混入杂质。

## 六、思考题

1. 为什么可用升华法提纯咖啡因？哪些化合物能用升华的方法进行提纯？
2. 采用索氏提取器提取茶叶中的咖啡因有什么优点？
3. 本实验中使用生石灰的作用有哪些？

## 参考文献

[1] 谢皓岩，马莹. 提高咖啡因收率及纯度的操作要点解析：关于从茶叶中提取咖啡因的实验 [J]. 科技资讯，2011 (10)：126.

# 4

## 第四章

# 黄酮类化合物

## 实验四　超声波辅助提取银杏叶中的总黄酮

银杏（*Ginkgo biloba* L.）又名白果、公孙树、鸭掌树，是我国的特产植物，银杏叶提取物对治疗冠心病、心绞痛和高脂血症有明显的效果，其有效成分黄酮类化合物具有改善心脑血管循环、抑制血小板活化因子、降低胆固醇、抗病毒、防癌抗癌以及清除自由基等功效。作为银杏叶提取物含量测定指标成分，国际公认银杏叶提取物的总黄酮含量应在24%以上。银杏叶中主要是槲皮素、山奈酚、异鼠李素、杨梅素等黄酮醇和木犀草素、芹菜素等黄酮及它们的糖苷，且95%以上的黄酮以氧苷的形式存在。银杏叶还含有银杏双黄酮、异银杏双黄酮等及其苷。

| | $R_1$ | $R_2$ | $R_3$ |
|---|---|---|---|
| 槲皮素 | $R_1$=OH | $R_2$=OH | $R_3$=H |
| 山奈酚 | $R_1$=OH | $R_2$=H | $R_3$=H |
| 异鼠李素 | $R_1$=OH | $R_2$=OCH$_3$ | $R_3$=H |
| 木犀草素 | $R_1$=H | $R_2$=OH | $R_3$=H |
| 芹菜素 | $R_1$=H | $R_2$=H | $R_3$=H |
| 杨梅素 | $R_1$=OH | $R_2$=OH | $R_3$=OH |

| | $R_1$ | $R_2$ | $R_3$ | $R_4$ |
|---|---|---|---|---|
| 银杏双黄酮 | OCH$_3$ | OCH$_3$ | OH | OH |
| 异银杏双黄酮 | OH | OCH$_3$ | OCH$_3$ | OH |
| 去甲银杏双黄酮 | OH | OCH$_3$ | OH | OH |
| 穗花杉双黄酮 | OH | OH | OH | OH |
| 金松双黄酮 | OCH$_3$ | OCH$_3$ | OCH$_3$ | OH |

## 一、实验目的

1. 掌握超声波辅助提取法提取总黄酮的原理及操作。
2. 掌握黄酮苷元及苷的理化性质。
3. 掌握分光光度法测定黄酮含量的操作方法。

## 二、实验原理

根据银杏叶中黄酮类化合物的溶解性，本实验选取 70％乙醇为提取剂，采用超声波辅助提取银杏叶中总黄酮，经过 $NaNO_2$-$Al(NO_3)_3$-$NaOH$ 显色后用分光光度法测定含量，并采用聚酰胺薄层色谱定性鉴别。

## 三、实验仪器和药品

**原料**：银杏叶。

**试剂**：无水乙醇、1％氯化铝乙醇溶液、亚硝酸钠、硝酸铝、氢氧化钠、芦丁标准品、蒸馏水。

**仪器**：超声波提取仪、紫外分光光度计、循环水真空泵、布氏漏斗、抽滤瓶、滤纸、150mL 锥形瓶、250mL 圆底烧瓶、10mL 容量瓶、移液管、漏斗、试管、层析缸、硅胶 $GF_{254}$ 板、喷雾瓶、点样毛细管、铅笔、直尺。

## 四、实验步骤流程

### 1. 总黄酮的提取

称取干燥的银杏叶 5g，置于 150mL 锥形瓶中，加入 80mL 80％乙醇，浸泡 10min 后，设定条件为：提取时间 15min、温度 40℃、超声功率 100W。抽滤，滤渣重复提取一次，合并两次滤液，在旋转蒸发仪减压浓缩至 40mL，转移浓缩提取液至 100mL 容量瓶中，用 60％乙醇稀释至刻度，得样品液。实验装置见图 4-1。

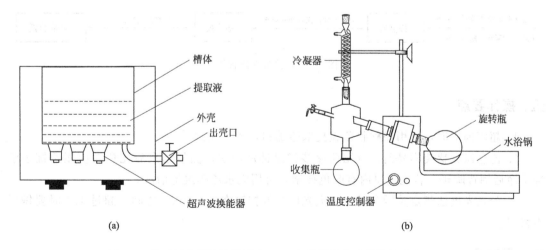

图 4-1　槽式超声提取装置示意（a）和旋转蒸发浓缩装置示意（b）

### 2. 总黄酮含量测定

（1）标准曲线的绘制　分别精密吸取芦丁对照液（2.0mg/mL）0.0mL、0.5mL、

1.0mL、2.0mL、3.0mL、4.0mL、5.0mL 于 10mL 容量瓶中，分别加入 5％亚硝酸钠溶液 0.4mL，摇匀，静置 6min；再加上 10％硝酸铝溶液 0.4mL，摇匀，静置 6min；再加 4％氢氧化钠溶液 4.0mL，用 60％乙醇稀释至刻度，摇匀，静置 15min，以未加芦丁对照液者为空白对比液，于 510nm 处测定吸光度。得出标准品芦丁浓度与吸光度之间的标准曲线方程。

（2）总黄酮含量的测定　吸取样品 1mL，置于 10mL 容量瓶中，按照制备标准曲线的方法，测定其吸光值，通过标准曲线法计算样品中总黄酮的含量（mg/mL）。

**3. 薄层色谱鉴别**

吸附剂：聚酰胺薄层板。

展开剂：氯仿-甲醇（8.5∶1.5）、丙酮-95％乙醇-水（2∶1∶2）。

样品液：自制银杏叶总黄酮甲醇溶液（每 1mL 含 1.0mg）。

显色：置于紫外灯 365nm 下检视，再喷 1％氯化铝乙醇溶液。

结果：记录样品斑点的颜色和位置，计算 $R_f$。

实验步骤流程见图 4-2。

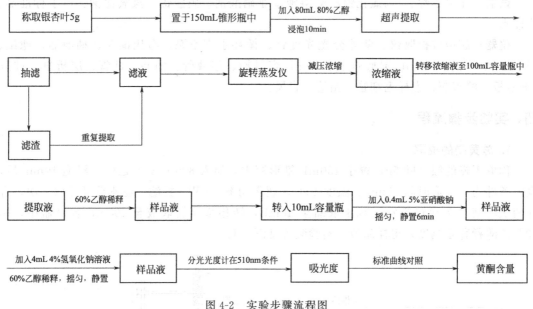

图 4-2　实验步骤流程图

## 五、操作要点

1. 超声提取时，可用保鲜膜覆盖提取容器口，不可密封。

2. 比色皿在盛装样品前，应用所盛装样品冲洗两次，测量结束后比色皿应用蒸馏水清洗干净后倒置晾干。若比色皿内有颜色挂壁，可用无水乙醇浸泡清洗。

3. 分光光度法测定黄酮含量时，吸光度最好控制在 0.2～0.8 之间，超过 1.0 时要做适当稀释。

## 六、思考题

1. 总黄酮含量测定时，$NaNO_2$-$Al(NO_3)_3$-$NaOH$ 显色的原理是什么？

2. 聚酰胺薄层色谱分离黄酮类化合物的原理是什么？

# 参考文献

［1］ 唐婧，郑胜彪，朱金坤.银杏叶中总黄酮的提取和测定［J］.长春师范大学学报，2011，30（5）：63-67.

［2］ 邓君，陈前锋.天然药物化学实验教程［M］.北京：科学出版社，2015：62-65.

# 实验五 碱溶酸沉法提取槐米中的芦丁

    槐米（*Flos Sophorae*）别名槐蕊、金药树、豆槐，为豆科植物的花蕾，所含主要有效成分为芦丁（rutin，又称芸香苷），其含量高达12%～20%。芦丁为维生素P类药物，有助于保护毛细血管的正常弹性；临床上主要用作防治高血压的辅助药物以及毛细血管性止血药；对于放射性伤害所引起的出血症也有一定治疗作用。

芦丁

    芦丁，分子式为$C_{27}H_{30}O_{16}$，分子量为610.5，以水中结晶时含3分子结晶水，淡黄色针晶，1g芦丁溶于约10000mL冷水、200mL沸水、650mL冷乙醇和60mL热乙醇，微溶于丙酮、乙酸乙酯，不溶于氯仿、二硫化碳、乙醚、苯和石油醚，溶于碱而呈黄色。到目前为止，发现含有芸香苷的植物中，以槐米含量较高，通常将它作为提取芦丁的原料。

## 一、实验目的

    1. 通过提取与精制芸香苷掌握碱溶酸沉法的原理与操作。
    2. 熟悉苷类成分提取中防止苷水解的方法。

## 二、实验原理

    本实验主要是利用芸香苷分子中含有较多的酚羟基，显弱酸性，可溶于碱中，加酸酸化后又可析出结晶的性质，采用碱溶酸沉法提取，然后利用芸香苷在冷、热水中溶解度的差异进行精制。

## 三、实验仪器和药品

    **原料：**槐米20g。
    **试剂：**石灰乳、浓盐酸、95%乙醇。
    **仪器：**回流装置（套）、500mL烧杯、布氏漏斗、抽滤瓶、滤纸、循环水真空泵、玻璃棒、研钵、纱布、滤纸、pH试纸、电子天平、称量纸、电热套、铁架台、沸石。

## 四、实验步骤流程

### 1. 芦丁的提取

    （1）样品准备　称取槐米20g，置于干燥的研钵中研磨成粗粉，放入500mL烧杯中，加入200mL水，搅拌下加入石灰乳（2.0～2.5g），调pH至8～9。

（2）提取　将烧杯中样品倒入 500mL 圆底烧瓶中，安装加热回流提取装置，见图 4-3，加热至微沸，保持 30min，趁热用纱布过滤；残渣中再加入 200mL 水，加入石灰乳调 pH 至 8～9，加热煮沸 30min，趁热过滤。

图 4-3　回流提取装置

（3）粗品的制备　合并两次滤液，在 60～70℃下用浓盐酸调 pH 至 4 左右，放入冰箱中析出沉淀，待全部沉淀物析出后，减压抽滤，用少量蒸馏水洗涤芸香苷粗品，干燥后得粗品。

**2. 芦丁的精制**

（1）重结晶　称取粗品芦丁，按质量比约 1∶200 的比例悬浮于蒸馏水中，煮沸 10min，使芦丁全部溶解，趁热过滤。滤液静置，待其冷却后晶体析出。

（2）抽滤　用少量的冷水洗晶体 2 次，减压抽滤，在 60～70℃干燥，即得精制芦丁，颜色呈浅黄色，称重，计算收率。

实验步骤流程见图 4-4。

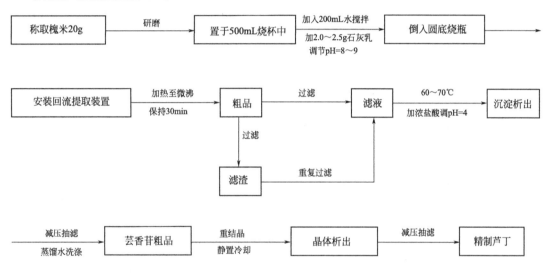

图 4-4　实验步骤流程图

# 五、操作要点

1. 用石灰水调节芦丁提取液的 pH，既可以达到提取芦丁的目的，还可以除去槐米中含有的大量黏液质，但 pH 不能过高，以免与芦丁形成螯合物沉淀。

2. 加热过程中注意控温和补充蒸发掉的水分，保持 pH 为 8～9。

3. 用 HCl 酸化提取液时，pH 不宜过低，pH＜2 会使芦丁形成镁盐而溶于水，降低收率。

# 六、思考题

1. 苷类水解有哪几种催化方法？

2. 在提取过程中 pH 不能过低和过高，为什么？pH 过低或过高对产品有何影响？

# 参考文献

［1］ 李颖平. 用碱溶酸沉法从槐米中提取芦丁工艺的优化［J］. 山西农业科学, 2015, 43（6）: 751-753.

［2］ 郭乃妮, 杨建洲. 超声条件下碱提取酸沉淀法从槐米中提取芦丁的研究［J］. 应用化工, 2009, 38（2）: 207-209.

［3］ 李慧, 王明明. 槐米中芦丁的提取结晶与含量测定［J］. 陕西中医, 2011, 32（10）: 1412-1413.

# 实验六　沸水法提取黄芩中的黄芩苷

黄芩（*Scutellaria Baicalensis* Georgi）是唇形科植物，其根味苦性寒，含多种黄酮苷类，黄芩苷（baicalin）是其主要成分。现代药理活性研究表明，黄芩苷具有抑菌、利尿、抗炎、抗变态及解痉作用，并且具有较强的抗癌反应等生理效应，还具有泻实火、除湿热、止血、安胎等生理功能。

黄芩苷　　　　　　　　　黄芩素

黄芩苷，分子式 $C_{21}H_{19}O_{11}$，分子量 446.4，m.p. 223～225℃，在植物中以盐的形式存在，含量约为 4.0%～5.2%，黄芩苷为淡黄色结晶粉末，易溶于 $N,N$-二甲基甲酰胺、吡啶，微溶于热水、碳酸氢钠、碳酸钠、氢氧化钠，难溶于甲酸、乙酸、丙酮，几乎不溶于水、乙醚、苯、氯仿等。黄芩苷在一定温度和湿度下能酶解成黄芩素及葡萄糖醛酸。

## 一、实验目的

1. 掌握黄芩苷的结构式鉴定原理及方法。
2. 掌握从黄芩中提取、精制黄芩苷方法。
3. 了解黄芩苷的生理作用以及潜在用途。

## 二、实验原理

黄芩苷的结构中含有 $\beta$-D-葡萄糖醛酸，有多个酚羟基、羧基，显酸性，在植物中常以镁盐的形式存在，故能溶于水。因药材内含有水解酶，其遇冷水后发生水解而使黄芩苷质量浓度降低，而水解酶在高温下易被破坏失活，故用沸水法提取。黄芩苷在热水中溶解度大，在强酸条件下易析出沉淀，利用此性质从黄芩中提取粗品黄芩苷。黄芩苷和黄芩素在 95% 乙醇中的溶解度不同，可据此分离两者。

## 三、实验仪器和药品

**原料**：黄芩苷饮片 20g。

**试剂**：镁粉、活性炭、二氯氧锆、氯化铝、浓盐酸、氢氧化钠、95% 乙醇、枸橼酸试剂、Molish 试剂、黄芩标准品。

**仪器**：粉碎机、回流装置（套）、电子天平、称量纸、100mL 量筒、电热套、循环水真空泵、旋转蒸发仪、紫外分光光度计、水浴锅、500mL 烧杯、球形冷凝管、布氏漏斗、抽滤瓶、滤纸、玻璃棒、沸石。

#### 四、实验步骤流程

**1. 黄芩苷的提取**

(1) 样品准备  取黄芩苷饮片 20g,粉碎,装入圆底烧瓶内,添加 10 倍量的沸水,1～2 粒沸石。

(2) 仪器安装  安装回流提取装置,从电热套开始,以从下往上的顺序安装;圆底烧瓶不能与电热套接触,要有一定的距离,以便于采用空气浴均匀加热,见图 4-5(a)。

(3) 沸水法提取  安装回流装置后,加热 30min,用多层纱布过滤,滤渣再用 8 倍沸水,同样的方法加热 30min,过滤,合并两次滤液。

(4) 酸化析出沉淀  加入盐酸调 pH 至 1～2,水浴保温 80℃ 30min,静置,析出黄色沉淀,采用虹吸法取出上清液,抽滤,抽滤装置见图 4-5(b)。

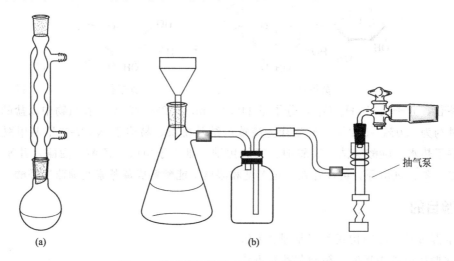

图 4-5  回流提取装置 (a) 和抽滤装置 (b)

**2. 黄芩苷的精制**

取黄芩苷沉淀置于 500mL 烧杯中,加 10 倍量的水搅拌均匀,用 40% 氢氧化钠溶液调 pH 至 6.5～7,使黄芩苷全部溶解,加活性炭适量拌匀,加热至 80℃ 保温 30min,(水浴)抽滤除去活性炭渣,滤液用浓盐酸调 pH 至 1～2,加入等体积 95% 乙醇,50℃ 保温 30min(水浴),至有沉淀析出,静置,减压抽滤,沉淀用少量乙醇洗涤,抽干,60℃ 以下干燥,得精制黄芩苷,称重,计算得率。

**3. 黄芩苷的检识**

取黄芩苷 2mg,加入甲醇 5～6mL 使其溶解,分成三份完成下述实验。

(1) 盐酸-镁粉反应  取上述溶液 1～2mL,加少许镁粉,滴加浓盐酸数滴,溶液产生樱红色。

(2) $ZrOCl_2$-枸橼酸反应  取上述溶液 1～2mL,加数滴 5% $ZrOCl_2$ 甲醇溶液,振荡后,显黄色并有黄绿色荧光,再加入 2% 枸橼酸试剂,黄色和荧光退去。

(3) Molish 反应  取上述溶液 1～2mL,加入等体积的 Molish 试剂(配制方法:将 α-萘酚 2g 溶于 20mL 95% 乙醇中,用 95% 乙醇稀释至 100mL),摇匀,沿管壁滴加浓硫酸,注意观察两液面产生的紫红色复合物。

实验步骤流程见图 4-6。

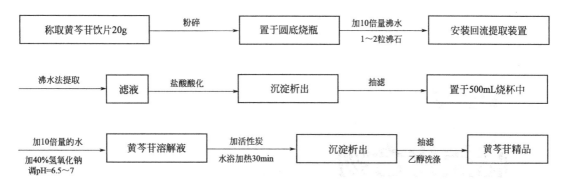

图 4-6　实验步骤流程图

## 五、操作要点

1. 在黄芩苷提取、精制过程中，溶液经酸化析出黄芩苷沉淀时，采取 50℃ 或 80℃ 保温措施，目的是便于黄芩苷析出，凝集成大的颗粒，以沉降和过滤。

2. 提取黄芩苷时，水提取液酸化后所析出的沉淀因含杂质较多，难以过滤，故采取先倾去上清液再抽滤的方式。注意倾去上清液时不得搅动，最好采取虹吸法。

3. 以 40％氢氧化钠溶液调 pH 值时，需严格控制 pH 至 6.5～7，若 pH 值大于 7，则应迅速用盐酸将 pH 调回到 5.5～7，否则在加等体积乙醇后产生大量胶冻样沉淀物，影响产品的产量和质量。

4. 实验中加等体积 95％乙醇，使含醇量在 50％左右，此时黄芩苷溶解度小，以沉淀析出，可除去醇溶性杂质。

## 六、思考题

1. 精制黄芩苷时，为什么要在黄芩苷溶液中加过量活性炭？

2. 根据结构分析，说明黄芩苷为什么能用盐酸-镁粉反应、$ZrOCl_2$-枸橼酸反应、Molish 反应进行鉴定？

3. 检查黄芩苷纯度的方法有哪些？

### 参考文献

[1] 李成文，闫东海，陈建玉. 黄芩苷提取工艺研究 [J]. 中成药，2003，25（8）：666-669.

# 5

## 第五章

# 萜类化合物

## 实验七　柚子皮中挥发油的提取、分离与鉴定

柚子是芸香科柑橘属木本植物，是生活中常见的水果，口感酸甜、凉润，营养丰富。柚子皮重约占柚果重的 40%，柚皮具有暖胃、止咳化痰的作用，药用价值高。人们经常只食用其果肉，而丢弃果皮，若能将其提取利用，不仅可对资源合理利用，而且对环境也起到保护作用。

柚皮中挥发油含量为（即柚皮油）2%～5%，为黄色至黄绿色液体，具有柚子的果香。油中主要成分为单萜烯、倍半萜烯和双烯或其氧化还原衍生物（0.9%左右），如 D-柠檬烯、$\beta$-月桂烯、$\beta$-蒎烯等。柚皮中挥发油的主要化学成分结构式如下所示：

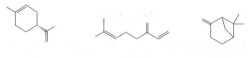

D-柠檬烯　　　　　　$\beta$-月桂烯　　　　　$\beta$-蒎烯

D-柠檬烯，分子式 $C_{10}H_{16}$，分子量 136.2，b. p. 175.5～176.5℃，柠檬味液体，pH 在 6.7 左右，可溶于乙醚、丙酮，不溶于水。

$\beta$-月桂烯，分子式 $C_{10}H_{16}$，分子量 136.2，无色或淡黄色液体，相对密度 0.79，b. p. 166～168℃，折射率 1.4722，不溶于水，能溶于乙醇、氯仿和乙醚。

$\beta$-蒎烯，分子式为 $C_{10}H_{16}$，分子量 136.2，无色透明液体，有松木、针叶及树脂样的气味。m. p. 102.2℃，b. p. 155℃，相对密度 0.854～0.862，折射率 1.463～1.467，微溶于水，溶于乙醇、乙醚、石油醚等多数有机溶剂。

挥发油与水不混溶，当受热后，二者蒸气压的总和与大气压相等时，溶液即开始沸腾，继续加热则挥发油可随水蒸气蒸馏出来。因此，可采用水蒸气蒸馏法提取挥发油。

## 一、实验目的

1. 掌握挥发油提取器提取挥发油的操作方法。
2. 掌握挥发油含量的测定方法。
3. 掌握挥发油中化学成分的薄层色谱定性检识方法。

## 二、实验原理

本实验采用水蒸气蒸馏法，使用挥发油提取器提取柚子皮中的挥发油。挥发油的主要成分有萜类化合物、芳香族化合物、脂肪族化合物、其他类化合物，常温下可自行挥发而不留任何痕迹，可采用油斑试验与油脂进行区分；另可选择适宜的检识试剂，在薄层板上进行点滴试验，从而了解组成挥发油的成分。

## 三、实验仪器和药品

**原料：**柚子皮 50g。

**试剂：**D-柠檬烯、β-月桂烯、β-蒎烯、石油醚（60～90℃）、二氯甲烷、乙酸乙酯、香草醛、浓硫酸。

**仪器：**250mL 圆底烧瓶、沸石、挥发油提取器、球形冷凝管、电热套、铁架台、量筒、电子天平、滤纸、层析缸、硅胶 GF$_{254}$ 板、点样毛细管、铅笔、直尺、喷雾器、电热恒温鼓风干燥箱。

## 四、实验步骤流程

### 1. 提取

取新鲜柚子皮 50g，剪成小碎片，置于 250mL 圆底烧瓶中，加入 150mL 水，2～3 粒沸石，连接挥发油测定器与回流冷凝管，烧瓶放于电热套中。水蒸气蒸馏装置和挥发油提取器见图 5-1。自冷凝管上端加水使其充满至挥发油测定器的刻度部分，并使水溢流入烧瓶时为止。缓缓加热至沸，至提取器中油量不再增加（约 1.5～2h），停止加热，放置冷却，分取油层按下式计算得率。

$$挥发油含量 = \frac{挥发油量（mL）}{样品量（g）} \times 100\%$$

### 2. 鉴定

（1）油斑试验　取适量挥发油，滴于滤纸上，常温（或吹风机 60℃ 左右加热烘烤）观察油斑是否消失。

（2）色谱点滴反应　将制取的挥发油配成浓度为 0.5mg/mL 的二氯甲烷溶液，为供试液 A；取纯粹的 D-柠檬烯、β-月桂烯、β-蒎烯配成浓度为 0.5mg/mL 的二氯甲烷溶液，分别为对照液 B、C、D；用铅笔在薄层板两侧距底边 1cm 处各画一直线，用毛细管吸取试液 A、B、C、D 各 10μL 左右，分别点于同一硅胶 G$_{254}$ 板上，以石油醚-乙酸乙酯（85：15）做展开剂，在层析缸中展开剂前沿上升到距硅胶 G$_{254}$ 板上端 1cm 时，取出，晾干，喷洒 5% 香草醛硫酸溶液，于 105℃ 烘箱中加热烘干 5min。观察供试品 A 与对照品 B、C、D 薄层色谱相应的位置上，是否显相同颜色的斑点，并计算 $R_f$ 值。

实验步骤流程如图 5-2 所示。

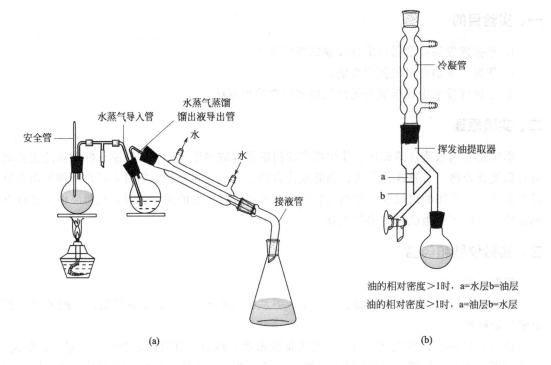

图 5-1  水蒸气蒸馏装置（a）和挥发油提取器（b）

油的相对密度＞1时，a=水层b=油层
油的相对密度＞1时，a=油层b=水层

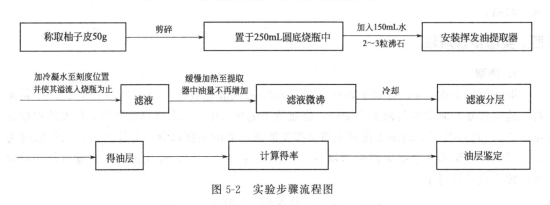

图 5-2  实验步骤流程图

## 五、操作要点

1. 挥发油提取器装置一般分为两种。一种适用于测定相对密度小于 1.0 的挥发油；另一种用于测定相对密度大于 1.0 的挥发油。《中国药典》规定，测定相对密度大于 1.0 的挥发油时，也可在相对密度小于 1.0 的测定器中进行，其方法是在加热前，于提取器内预先加入 1mL 二甲苯，然后进行水蒸气蒸馏，使蒸出的相对密度大于 1.0 的挥发油溶于二甲苯中，由于二甲苯的相对密度为 0.8969，一般能使挥发油与二甲苯的混合溶液浮于水面。计算挥发油含量时，扣除加入二甲苯的体积即可。

2. 提取完毕，须待油水完全分层后，再将油放出。

3. 挥发油易挥发逸失，应置于冰箱中冷藏保存。进行层析检识时，操作应及时，不宜久放。

4. 喷洒香草醛-浓硫酸显色剂时，应于通风橱内进行。

## 六、思考题

1. 除可利用挥发油提取器提取挥发油外，还可采用什么方法提取挥发油？原理是什么？
2. 当挥发油在水中溶解度大时，如何将挥发油从水中分离出来？
3. 在进行薄层色谱定性鉴定时，为什么要有对照品，目的是什么？

## 参考文献

[1] 杨月. 陈皮中挥发油的提取、分离与鉴定 [M]//天然药物化学实验，北京：中国医药科技出版社. 2006：121-123.

[2] 曾小峰，曾顺德，尹旭敏，等. 柚子皮有效成分提取方法研究进展 [J]. 南方农业，2016，10（34）：67-70.

[3] 杨洋. 柚子皮中抗氧化活性成分的分离及其鉴定 [J]. 广西大学学报（自然科学版），2001，26（3）：213-215.

# 实验八　穿心莲内酯的提取与亚硫酸氢钠加成物的制备

穿心莲（*Andrographis Herba*）为爵床科植物穿心莲的全草或叶，别名榄核莲、一见喜。穿心莲中含有多种二萜内酯类化合物，主要为穿心莲内酯、新穿心莲内酯、去氧穿心莲内酯、脱水穿心莲内酯、高穿心莲内酯等。叶中穿心莲内酯含量可达 1.5% 以上，新穿心莲内酯含量可达 0.20% 以上，去氧穿心莲内酯可达 0.10% 以上。

| 穿心莲内酯 | 新穿心莲内酯 | 去氧穿心莲内酯 | 脱水穿心莲内酯 |

穿心莲内酯（andrographolide），又名穿心莲乙素，分子式 $C_{20}H_{30}O_5$，分子量 350.4，无色方形或长方形结晶，m. p. 230～232℃，$[\alpha]_D^{20} -126°$（冰醋酸），可溶于甲醇、乙醇、丙酮、吡啶中，微溶于氯仿、乙醚，难溶于水、石油醚，味极苦。

新穿心莲内酯（neoandrographolide），又名穿心莲丙素，穿心莲苷，分子式 $C_{26}H_{40}O_8$，分子量 480.6，无色柱状结晶，m. p. 167～168℃，$[\alpha]_D^{20}$（+22.5°～+45°）（无水乙醇），可溶于甲醇、乙醇、丙酮、吡啶，微溶于氯仿和水，不溶于乙醚和石油醚，无苦味。

去氧穿心莲内酯（14-deoxy-andrographolide），又名穿心莲甲素，分子式为 $C_{20}H_{30}O_4$，分子量 334.4，无色片状或长方形结晶，m. p. 175～176℃，$[\alpha]_D^{20}$（+20°～+26°）（$c=0.01g/100mL$，氯仿），可溶于甲醇、乙醇、丙酮、吡啶、氯仿、乙醚、苯，微溶于水，味稍苦。

脱水穿心莲内酯（14-deoxy-11,12-didehydro-andrographolide），分子式 $C_{20}H_{28}O_4$，分子量 332.4，无色针晶，m. p. 203～204℃，易溶于乙醇、丙酮，可溶于氯仿，微溶于苯，几乎不溶于水。

亚硫酸氢钠穿心莲内酯（andrographolide natrii bisulfis），即 14-脱羟-13-脱氢穿心莲内酯-12-磺酸钠盐，分子式 $C_{20}H_{30}O_5NaHSO_3$，分子量 454.5，白色或类白色无定形粉末，m. p. 226～227℃，略具引湿性，易溶于水，溶于甲醇，略溶于乙醇，微溶于氯仿，无臭，味微苦。

穿心莲内酯、新穿心莲内酯是穿心莲抗菌消炎的主要有效成分。穿心莲内酯可与亚硫酸氢钠加成，生成水溶性的穿心莲内酯磺化物，具有清热解毒、止咳止痢、抗菌消炎的作用。

## 一、实验目的

1. 掌握从穿心莲中提取、分离穿心莲内酯的操作技术。
2. 学习从植物药材中去除叶绿素的方法。
3. 掌握二萜内酯类化合物的理化性质及鉴定方法。
4. 学习穿心莲内酯亚硫酸氢钠加成物的制备方法。

## 二、实验原理

穿心莲内酯类成分易溶于甲醇、乙醇、丙酮等有机溶剂，本实验选用乙醇为溶剂进行超声辅助提取。穿心莲提取物中含有大量叶绿素，可用非极性多孔吸附剂活性炭脱色法去除，脱色后的提取液经乙醇重结晶得到总二萜内酯类化合物，水洗除去无机盐。为增加穿心莲内酯在水中的溶解度，可将其制成亚硫酸氢钠加成物。根据极性新穿心莲内酯＞穿心莲内酯＞去氧穿心莲内酯，可推测各组分在薄层板上展开后出现的位置。

## 三、仪器与药品

**原料**：穿心莲叶粗粉 50g。

**药品**：乙醇、活性炭、蒸馏水、甲醇、三氯甲烷、丙酮、亚硫酸氢钠、盐酸羟氨、氢氧化钾、三氯化铁、亚硝酰铁氰化钠、氢氧化钠、盐酸、3,5-二硝基苯甲酸（Kedde 试剂）。

**仪器**：水蒸气蒸馏装置（套）、超声波提取仪、水浴锅、250mL 锥形瓶、500mL 烧杯、250mL 圆底烧瓶、电子天平、称量纸、试管、干燥器、滤纸、层析缸、硅胶 $GF_{254}$ 板、点样毛细管、铅笔、直尺、熔点测定仪。

## 四、实验步骤流程

**1. 内酯类成分的提取、分离**

超声波振荡提取：取穿心莲全草粗粉 50g，用 100mL 75％乙醇超声波震荡提取三次 [图 5-3(a)]，每次 15～20min，合并 3 次提取液，减压蒸馏浓缩至 80mL 左右，即为内酯类成分总提取物。槽式超声提取装置示意和减压蒸馏装置见图 5-3。

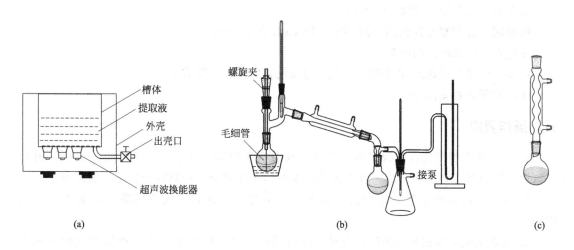

图 5-3　槽式超声提取示意（a）、减压蒸馏装置（b）和回流装置（c）

**2. 去除叶绿素**

将上述穿心莲提取物浓缩后，加入 12～16g 活性炭，水浴加热回流 30min，水浴回流装置见图 5-3(c)，过滤，滤饼用少量热 75％乙醇洗涤 2 次，合并滤液和洗涤液，减压浓缩至 15～20mL 左右，放置析晶，减压滤取结晶，并用少量水洗涤，即得穿心莲总内酯粗品。

**3. 穿心莲内酯的精制**

将穿心莲总内酯粗品加 40 倍量丙酮，加热回流 10min，过滤，不溶物再加 20 倍量丙酮，加热回流 10min，过滤，合并两次丙酮液，回收丙酮至 1/3 量，放置析晶，滤取白色颗粒状结晶，即为穿心莲内酯精品。称重，计算得率。

**4. 穿心莲内酯亚硫酸氢钠加成物的制备**

取穿心莲内酯粗品 0.5g 置于 50mL 烧瓶中，加 5mL 95％乙醇及 5mL 4％亚硫酸氢钠水溶液，加热回流 30min，移入蒸发皿中，水浴蒸至无醇味，再加 5mL 蒸馏水溶解，冷却，过滤，滤液用三氯甲烷洗涤 2～3 次，每次 2mL，水层减压浓缩至 5mL。放置析晶，减压滤晶，即得亚硫酸氢钠穿心莲内酯。

**5. 穿心莲内酯及其加成物的鉴定**

（1）熔点测定

用熔点测定仪测定穿心莲内酯和亚硫酸氢钠穿心莲内酯的熔点，穿心莲内酯的熔点应为 230～232℃，亚硫酸氢钠穿心莲内酯的熔点应为 226～227℃。

（2）显色反应

① 异羟肟酸铁反应　取穿心莲内酯结晶少许，加 1mL 乙醇溶解，加 2～3 滴 7％盐酸羟氨甲醇溶液，加 1～2 滴 10％氢氧化钾甲醇溶液使其呈碱性，于水浴上加热 2min，放冷，加稀盐酸使其呈酸性，加 1～2 滴 1％三氯化铁试液，混匀，溶液呈紫红色。

② Legal 反应　取穿心莲内酯结晶少许，加 0.5mL 乙醇使其溶解，加 2 滴 3％亚硝酰铁氰化钠溶液，1 滴 10％氢氧化钠溶液，呈紫红色，并渐渐褪去。

③ Kedde 反应　取穿心莲内酯结晶少许，加 0.5mL 乙醇溶液，加 3～4 滴 3％的 3,5-二硝基苯甲酸溶液，加 1 滴 10％氢氧化钠溶液，呈紫红色。

（3）薄层色谱鉴别

吸附剂：硅胶 GF$_{245}$薄层板。

展开剂：三氯甲烷-甲醇（9∶1）。

样品液：自制穿心莲内酯甲醇溶液（每 1mL 含 1.0mg）。

显色剂：Kedde 试剂喷雾。

结果：记录样品斑点和对照样品斑点的颜色和位置，计算 $R_f$。

实验步骤流程见图 5-4。

# 五、操作要点

1. 穿心莲内酯类化合物为二萜类成分，性质极不稳定，易氧化、聚合而树脂化，因此提取用的原料最好是当年产品，且为未受潮变质的茎叶部分，否则内酯含量明显降低。

2. 亚硫酸氢钠暴露于空气中会失去部分二氧化硫，同时氧化成硫酸盐，溶液应现配现用。

3. 制备亚硫酸氢钠加成物时，若穿心莲内酯精制后的量不足 0.5g，可按比例相应减少 95％乙醇及亚硫酸氢钠的量，0.05～0.1g 的穿心莲内酯即可进行加成物的制备。

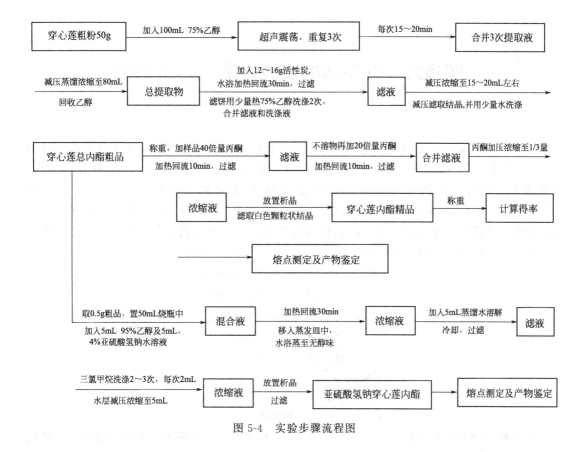

图 5-4  实验步骤流程图

## 六、思考题

1. 叶绿素除用活性炭吸附法外，还可采用哪些方法去除？
2. 制备水溶性穿心莲内酯可采用哪些方法？试比较各种方法的优缺点。
3. 简述 Legal 反应和 Kedde 反应的机理？什么样的结构才呈阳性反应？

### 参考文献

[1] 吴立军. 穿心莲内酯的提取、分离、鉴定及亚硫酸氢钠加成物的制备 [M]//天然药物化学实验指导. 北京：人民卫生出版社，2011：235-242.

[2] 邓君，陈前锋. 穿心莲内酯的提取、分离、鉴定及亚硫酸氢钠加成物的制备 [M]//天然药物化学实验教程. 北京：科学出版社，2015：62-65.

[3] 杨月. 穿心莲内酯的提取、分离、鉴定及亚硫酸氢钠加成物的制备 [M]//天然药物化学实验. 北京：中国医药科技出版社. 2006：109-114.

[4] 鹿萍，丁玲，盛敏丽. 穿心莲内酯的超声波提取法研究 [J]. 赤峰学院学报（自然科学版），2008，24（2）：28-29.

# 实验九　甘草酸的微波提取与含量测定

甘草（*Glycyrrhiza uralensis* Fisch）为豆科植物甘草、胀果甘草、光果甘草的干燥根及根茎，味甜而特殊，具有和中缓急、润肺祛痰、止咳平喘、补脾益气、清热解毒、调和诸药之功效，为临床常用补益药。甘草的主要有效成分是三萜皂苷类化合物甘草酸（glycyrrhizic acid，又称甘草皂苷、甘草甜素），含量为 5%～11%，具有解毒、消炎、镇痛、抗肿瘤的作用，近年来还用于防治病毒性肝炎、癌症及艾滋病等，目前已广泛用于食品、医药、化妆品、饮料、卷烟等行业。

甘草酸

甘草酸，分子式 $C_{42}H_{62}O_{16}$，分子量 822.9，为白色结晶性粉末，有很强的甜味，甜度为蔗糖的 200～250 倍，$[\alpha]_D^{17} = +46.2°$（$c = 1.5g/100mL$，乙醇），易溶于热水及热的稀乙醇，几乎不溶于无水乙醇或乙醚。甘草酸在植物中常以钙盐、钾盐、铵盐等形式存在，加热、加压及在稀酸作用下可水解为一分子甘草次酸和两分子葡萄糖醛酸。

## 一、实验目的

1. 掌握甘草酸的微波提取原理和操作方法。
2. 掌握甘草酸含量测定的方法。

## 二、实验原理

甘草酸在药材中以钾盐或钙盐的形式存在，其盐易溶于水，因此用 50% 热乙醇进行微波提取；甘草酸盐酸化游离出甘草酸，甘草酸因难溶于酸性冷水而析出，采用分光光度法测定甘草酸提取物中甘草酸的含量。

## 三、实验仪器和药品

**原料**：甘草粗粉 5g。

**试剂**：无水乙醇、浓硫酸、甘草酸标准品。

**仪器**：实验室微波提取仪，紫外可见分光光度计，旋转蒸发仪，100mL、250mL 烧杯，10mL、100mL 量筒，10mL、25mL 容量瓶，250mL 圆底烧瓶，1mL 移液管，铁架台，胶头滴管，玻璃棒，pH 试纸，电子天平，称量纸，平板加热器，研钵。

## 四、实验步骤流程

### 1. 甘草酸的微波萃取

称取 5g 甘草粗粉，适当研磨，置于中型微波器皿中，加入 100mL 50％热乙醇，浸泡 10min 后，置于微波炉中（图 5-5），设定提取条件为辐照时间 130s、微波功率 400W，然后过滤，回收滤液，在旋转蒸发仪减压浓缩至原体积的 1/4 左右，浓缩液在搅拌下加入浓硫酸将 pH 值调为 2～3，静置使沉淀完全，倾出上清液，下层棕黑色沉淀用水洗涤 4 次，60℃下干燥后得到甘草酸粗品。

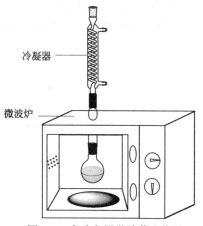

冷凝器

微波炉

图 5-5　实验室用微波萃取装置

### 2. 甘草酸的含量测定

（1）标准曲线的绘制

准确称取甘草酸标准品 10mg，用 50％的乙醇定容于 10mL 容量瓶中，摇匀。用移液管分别精密吸取上述标准溶液（质量浓度为 1.00mg/mL）0.5mL、0.75mL、1.00mL、1.25mL、1.50mL，分别置于 25mL 容量瓶中，用体积分数为 50％的乙醇定容至刻度。以 50％的乙醇为空白，在波长 228nm 处分别测定上述溶液的吸光度，以质量浓度为横坐标，吸收度为纵坐标，绘制标准曲线，计算回归方程。

（2）甘草酸提取率的测定

取甘草酸粗品 5mg，用体积分数为 50％的乙醇定容至 10mL，再取此溶液 2mL，用体积分数为 50％的乙醇定容至 25mL，于波长 228nm 处测定其吸光值，并根据标准曲线计算出浓度，再由浓度计算 2mL（1.0mg）粗甘草酸中甘草酸的含量，进而得出产率。

实验步骤流程见图 5-6。

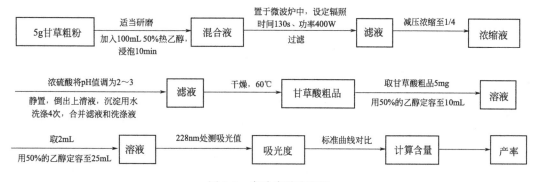

图 5-6　实验步骤流程图

## 五、操作要点

1. 甘草酸的提取率随微波功率的提高而增加，但功率大于 400W 后，提取十分容易爆沸，严重影响提取效果，提取率下降。因此，微波萃取时，应严格控制提取功率为 400W 以下。

2. 在使用旋转蒸发仪回收乙醇减压浓缩时，三萜皂苷易产生大量泡沫发生倒吸现象，故应注意观察并随时调整水浴温度及旋转蒸发仪的转速，避免事故发生。

## 六、思考题

1. 甘草酸提取中，提取浓缩水溶液中加入浓硫酸的目的是什么？

2. 甘草次酸可制成抗炎、抗过敏制剂，用于治疗风湿性关节炎、气喘、过敏性及职业性皮炎、眼耳鼻喉科症及溃疡等。请设计一条制备甘草次酸的工艺路线。

### 参考文献

[1] 张应鹏，杨云裳，杜玉龙，等. 响应曲面法优化微波萃取甘草酸的工艺研究 [J]. 时珍国医国药，2011，22（8）：1959-1961.

[2] 程晓霞. 甘草及其制剂中甘草酸的定量方法研究概况 [J]. 时珍国医国药，2000，11（4）：380-381.

# 实验十 叶绿体色素的提取和纸色谱鉴定

叶绿体色素在把光能转化为化学能的光合作用过程中，起着重要的作用。高等植物体内的叶绿体色素有叶绿素（chlorophylls）和类胡萝卜素（carotenoids）两类，主要包括叶绿素 a、叶绿素 b、$\beta$-胡萝卜素和叶黄素四种。它们所呈现的颜色和在叶绿体中含量大约比例见表 5-1，叶绿体色素的结构式如下所示。

表 5-1 高等植物体内叶绿体色素的种类、颜色及含量

| 项目 | 叶绿素 | | 类胡萝卜素 | |
| --- | --- | --- | --- | --- |
| | 叶绿素 a | 叶绿素 b | $\beta$-胡萝卜素 | 叶黄素 |
| 颜色 | 蓝绿色 | 黄绿色 | 橙黄色 | 黄色 |
| 在叶绿体内各色素含量比例 | 9 | 3 | 2 | 1 |

叶绿素a

叶绿素b

$\beta$-胡萝卜素

叶黄素

在叶绿素分子结构中含有四个吡咯环，它们由四个甲烯基连接成卟啉环，在卟啉环中间有一个镁离子，它以两个共价键和两个配位键与四个吡咯环的氮原子结合成镁卟啉配合物，易溶于丙酮、乙醇、乙醚等有机溶剂。$\beta$-胡萝卜素和叶黄素是脂溶性的不饱和四萜类化合物，与$\beta$-胡萝卜素相比，叶黄素易溶于醇而在石油醚中溶解度较小。

## 一、实验目的

1. 掌握从植物叶中提取叶绿素的原理和基本操作。
2. 了解纸色谱的原理，掌握纸色谱的一般操作和定性鉴定方法。

## 二、实验原理

叶绿素是脂溶性色素，易溶于乙醇、丙酮、乙醚、石油醚等有机溶剂。根据它们在有机

溶剂中的溶解特性，在研磨植物叶片、收集叶绿素时要用乙醇或丙酮等有机溶剂提取而不用水。

纯化后的样品为叶绿素的混合物，可用纸色谱法分离叶绿素，其基本原理是利用不同色素在有机溶剂如乙醇（流动相）和在滤纸上吸附的水（固定相，滤纸纤维常能吸 20％左右的水）中的分配系数不同而使之分离。

## 三、实验仪器和药品

**原料：** 新鲜叶片 5g。

**药品：** 蒸馏水、碳酸钙、石英砂、乙醇、石油醚、饱和氯化钠、无水硫酸钠。

**仪器：** 研钵、量筒、分液漏斗、烧杯、50mL 锥形瓶、50mL 圆底烧瓶、转接头、50mL 棕色瓶、玻璃棒、旋转蒸发仪、层析缸、点样毛细管、铅笔、直尺、滤纸、剪刀、纱布、电子天平、铅笔。

## 四、实验步骤流程

### 1. 叶绿素的粗提

（1）叶片预处理　取植物新鲜叶片清洗后，用滤纸吸干叶片表面水分，弃除叶柄和中脉。

（2）研磨　称取 5g 预处理过的叶片，剪碎后放入干净的研钵内，加入 0.1g 碳酸钙与少量石英砂，加入 5mL 乙醇-石油醚（2：3），研磨至糊状，再加 10mL 乙醇-石油醚（2：3）充分混匀 15～20min 以提取叶片匀浆中的色素。

（3）收集滤液　用纱布将研磨液过滤，并收集滤液于 50mL 锥形瓶中。

（4）二次收集　残渣再加入 5mL 乙醇-石油醚（2：3）研磨提取一次，最后再用 10mL 乙醇-石油醚（2：3）洗涤研钵，合并滤液得到墨绿色的色素提取液。

### 2. 粗提取液的纯化

（1）盐析分层　将滤纸折叠好后放于梨形分液漏斗上，将合并的滤液转入梨形分液漏斗内，加入 5mL 饱和的 NaCl 溶液和 45mL 蒸馏水，轻轻振荡，放置分层。

（2）弃乙醇与水　小心地把下层的含乙醇水溶液放掉，再沿梨形分液漏斗内壁加入 50mL 蒸馏水洗涤石油醚层 2～3 次，以彻底洗去乙醇。每次都要轻轻转动梨形分液漏斗，使叶绿体色素保留在上层的石油醚层中，静置，待分层清楚后，去掉下面的水溶液。萃取装置见图 5-7(a)。

（3）干燥　向石油醚色素提取液中加入少量无水 $Na_2SO_4$ 去除残余水分。

（4）浓缩保存　用旋转蒸发仪，控制水浴温度为 40～55℃进行适当浓缩（约 10mL），转入具塞的棕色瓶中置于暗处保存。旋转蒸发装置见图 5-7(b)。

### 3. 纸色谱鉴定

（1）点样　取圆形定性滤纸一张（直径 15cm），将其剪成滤纸条（15cm×2cm），将其 2cm 一端剪去两侧，中间留一长约 1.5cm，宽约 0.5cm 的窄条，用铅笔在滤纸剪口上方距底边 1～1.5cm 处画一条直线，作为画滤液细线的基准线，用点样毛细管取浓缩的色素石油醚提取液，沿滤液线画线点样，重复 2～3 次。

（2）展开　在层析缸中加适量丙酮（如 5mL）做展开剂，将滤纸条尖端朝下略微斜靠烧杯内壁，轻轻插入展开剂中，迅速盖好层析缸盖，待展开剂前沿上升到距滤纸上端约 1cm

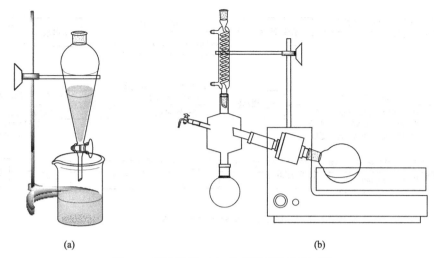

(a)                  (b)

图 5-7　萃取装置（a）和旋转蒸发装置（b）

时，取出滤纸，用铅笔标记出迁移线，置于通风橱中晾干。

（3）观察结果　滤纸条上出现若干色素带，其排列顺序一般是 $\beta$-胡萝卜素（橙黄色）、去镁叶绿素（灰色）、叶绿素（黄色）、叶绿素 a（蓝绿色）、叶绿素 b（黄绿色）等多条色带，如图 5-8 所示，用铅笔标出各种色素的位置，计算 $R_f$ 值。

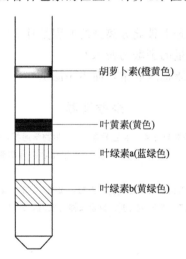

胡萝卜素(橙黄色)

叶黄素(黄色)

叶绿素a(蓝绿色)

叶绿素b(黄绿色)

图 5-8　叶绿体色素纸色谱鉴定

实验步骤流程如图 5-9 所示。

## 五、操作要点

1. 使用低沸点易挥发有机溶剂时要注意安全，实验室要保持良好的通风，操作时不得靠近明火。

2. 叶绿素分布于基粒的片层薄膜上，加入少许石英砂是为了磨碎细胞壁、质膜、叶绿体被膜和光合片层，使色素溶解于提取剂中。

3. 滤纸条一端需要剪去两个角，避免由于液面的不同位置表面张力不同，纸条接近液面时，其边缘的表面张力较大，层析液沿滤纸边缘扩散过快，而导致色素带分离不整齐的

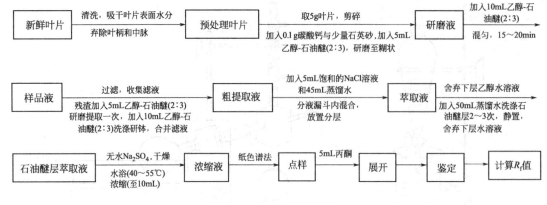

图 5-9　实验步骤流程图

现象。

4. 画滤液细线时应以细、齐、直为标准，重复画线时必须等上次画线晾干后，再重复操作 2～3 次。

5. 分离色素时，不要让滤液细线接触到层析液，因为色素易溶解在层析液中，导致色素带不清晰，影响实验效果。

## 六、思考题

1. 叶绿体的色素能在滤纸条上彼此分离开的原因是什么？

2. 在研磨时为什么加入适量的碳酸钙粉末？

3. 在过滤时为什么选用脱脂棉或纱布，而不用滤纸？

## 参考文献

[1]　左小龙，乔秀芹."叶绿体色素的提取与分离"实验教学 [J]. 生物学通报，2018，53（3）：46-48.

[2]　付云芝，张玉苍. 叶绿体色素的提取、色谱分离 [M]//. 应用化学综合实验教程. 北京：中国财富出版社，2012：225-230.

[3]　谷华梅. 叶绿体中色素的提取和分离实验的改进 [J]. 生物学通报，2012，47（8）：54.

[4]　许必晏. 叶绿体中色素的提取和分离实验改进 [J]. 教学仪器与实验，2007（8）：23.

# 实验十一  人参总皂苷的提取分离与HPLC-MS法快速测定

人参为五加科植物人参（*Panax ginseng* C. A. Mey.）的干燥根，是传统名贵中药，具有补气、复脉固脱、补脾益肺、生津、安神之功效，对心力衰竭、心源性休克、冠心病、糖尿病等有较好的疗效，还有增强免疫力、降低血糖、利尿、抗炎、抗癌等作用。

人参皂苷（ginsenoside）是人参的主要有效成分，总皂苷含量约4%。根据人参皂苷元的结构可分为A、B、C三种类型：①人参二醇型——A型，②人参三醇型——B型，③齐墩果酸型——C型。A型和B型皂苷均属四环三萜皂苷，其皂苷元为达马烷型四环三萜，A型皂苷元称为20(S)-原人参二醇；B型皂苷元称为20(S)-原人参三醇；C型皂苷则是齐墩果烷型五环三萜的衍生物，其皂苷元是齐墩果酸。

| 人参皂苷 | R |
| --- | --- |
| $Rb_1$ | —Glc(6→1)Glc |
| $Rb_2$ | —Glc(6→1)Ara(Pyr) |
| Rc | —Glc(6→1)Ara(Fur) |
| Rd | —Glc |
| $Rg_3$ | —H |

| 人参皂苷 | $R_1$ | $R_2$ |
| --- | --- | --- |
| Re | —Glc(2→1)Rha | —Glc |
| $Rg_1$ | —Glc | —Glc |
| $Rg_2$ | —Glc(2→1)Rha | —H |
| $Rh_1$ | —Glc | —H |
| 20-gluc-Rf | —Glc(2→1)Glc | —Glc |
| $F_1$ | —H | —Glc |
| $F_3$ | —H | —Glc(6→1)Ara(Pyr) |

人参皂苷大多数是白色无定形粉末或无色结晶，味微甘苦，具有吸湿性。人参皂苷 $Rb_1$（$C_{54}H_{92}O_{23}$，分子量 1109.3）、$Rb_2$（$C_{53}H_{90}O_{22}$，分子量 1079.3）、Rc（$C_{53}H_{90}O_{22}$，分子量 1079.3）、Rd（$C_{48}H_{82}O_{18}$，分子量 947.1）、Re（$C_{48}H_{82}O_{18}$，分子量 947.1），易溶于甲醇、乙醇、水、吡啶，不溶于苯、乙醚。人参皂苷 $Rg_1$（$C_{42}H_{72}O_{14}$，分子量 801.0）溶于甲醇、乙醇、吡啶、热丙酮，稍溶于氯仿、乙酸乙酯。人参皂苷 $Rg_3$（$C_{42}H_{72}O_{13}$，分子量 785.0）溶于甲醇、乙醇，水中溶解度低，不溶于氯仿、乙醚。

人参皂苷的分析方法较多，其中高效液相色谱-质谱检测法（HPLC-MS）可以对目标组分同时进行定性、定量分析，大大提高了检测方法的专属性、灵敏度、分析速度。

## 一、实验目的

1. 掌握三萜类化合物的理化性质及提取、分离和检识方法。
2. 了解 HPLC-MS 快速测定人参皂苷的方法。

## 二、实验原理

利用皂苷亲水性强、能溶于热水而叶绿素不溶于水的性质差异，用热水提取人参皂苷；然后利用皂苷分子中苷元具有亲脂性的特点，用大孔树脂吸附法将提取液中的人参皂苷和水溶性杂质如糖类、氨基酸、肽类等相分离；采用 HPLC-MS 对人参总皂苷中 $Rb_1$、$Rb_2$、Rc、Rd、Re、$Rg_1$ 和 $Rg_3$ 进行测定。

## 三、实验仪器和药品

**原料：**人参叶 20g。

**试剂：**人参皂苷 $Rb_1$、$Rb_2$、Rc、Rd、Re、$Rg_1$ 和 $Rg_3$ 对照品，95％乙醇，氯仿，乙酸乙酯，正丁醇，甲醇，冰醋酸，浓硫酸，AB-8 树脂，乙腈（色谱纯），纯水（色谱纯），氘代甲醇。

**仪器：**剪刀，500mL 烧杯，50mL、500mL 玻璃量筒，玻璃色谱柱（30mm×400mm），100mL、500mL 锥形瓶，250mL、500mL 圆底烧瓶，布氏漏斗，抽滤瓶，10mL 刻度移液管，洗耳球，玻璃棒，胶头滴管，铁架台，十八烷基硅烷键合硅胶（ODS）柱，5μL 进样器，0.45μm 微孔滤膜，硅胶 $G_{254}$ 板，点样毛细管，层析缸，喷雾瓶，电子天平，称量纸，电热套，沸石，旋转蒸发仪，循环水真空泵，水浴锅，HPLC-MS 仪，电热鼓风干燥箱。

## 四、实验步骤流程

### 1. 人参叶皂苷的提取纯化

（1）样品准备　取人参叶 20g，剪碎，装入 500mL 圆底烧瓶中，并加入 240mL 蒸馏水，1～2 粒沸石。

（2）仪器安装　安装回流提取装置，从电热套开始，从下往上顺序安装；圆底烧瓶不能与电热套接触，要有一定的距离，以便采用空气浴均匀加热。实验装置如图 5-10 所示。

（3）提取　仪器安装完毕，用电热套加热，水煮提取 3 次，用水量分别为 12 倍、10 倍、8 倍，分别保持微沸 1.5h、1h、30min，合并提取液。

（4）装柱（AB-8 树脂柱）　取 30mm×400mm 的玻璃色谱柱管，以乙醇湿法装柱，继续用乙醇在柱上流动清洗，不时检查流出液，直至与水混合不是白色浑浊为止（乙醇∶水＝1∶5）。然后以大量蒸馏水洗去乙醇，待用。将样品液直接或拌入树脂中加到已处理好的大孔吸附树脂柱柱顶。

（5）洗脱　待样品液慢慢滴加完毕后，即可开始洗脱。先用 800mL 蒸馏水淋洗树脂柱，控制流速为 400mL/h，再用 800mL 95％乙醇洗脱，控制流速为 400mL/h，弃最前面的 200mL，收集后面的 600mL。

（6）浓缩　减压蒸馏，回收乙醇，低温真空干燥，得人参总皂苷，称重，计算产率。

### 2. 人参皂苷的 HPLC-MS 测定

样品液：自制人参总皂苷甲醇溶液（1mL 含 1.0mg）。

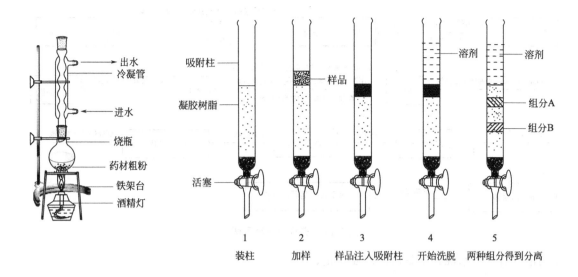

图 5-10 实验装置图

色谱柱：ODS 分析柱。

流动相：乙腈-水。

梯度程序：0～30min，20：80 至 30：70；30～35min，30：70 至 100：0；35～45min，100：0。

流速：1mL/min。

UV 检测器：$\lambda = 203$nm。

进样量：$5\mu$L。

结果：检测人参皂苷 Rb$_1$、Rb$_2$、Rc、Rd、Re、Rg$_1$ 和 Rg$_3$ 离子的出峰。

**3. 薄层色谱鉴别**

吸附剂：硅胶 GF$_{245}$ 薄层板。

展开剂：氯仿-乙酸乙酯-甲醇-水（15：40：22：10）、正丁醇-乙酸-水（4：1：5）。

样品液：自制人参总皂苷甲醇溶液（1mL 含 1.0mg）。

对照品液：人参皂苷 Rb$_1$、Rb$_2$、Rc、Rd、Re、Rg$_1$ 和 Rg$_3$ 对照品甲醇液（每 1mL 含 1.0mg）。

显色：10％硫酸-乙醇溶液显色剂，105℃下加热至显色清晰。

结果：记录样品斑点和对照样品斑点的颜色和位置，计算 $R_f$。

实验步骤流程见图 5-11。

# 五、操作要点

1. 在连续回流提取过程中，水浴温度不宜过高，应与溶剂沸点相适应。此外可加快冷凝水的流速，以增加冷凝效果。

2. 在使用旋转蒸发仪回收乙醇减压浓缩时，皂苷易产生大量泡沫发生倒吸现象，故应注意观察并随时调整水浴温度及旋转蒸发仪的转速，避免事故发生。

3. 市售大孔吸附树脂常含有一定量未聚合的单体、致孔剂、分散剂、交联剂和防腐剂等杂质，使用前必须进行预处理，以乙醇湿法装柱，继续用乙醇在柱上流动清洗，不时检查

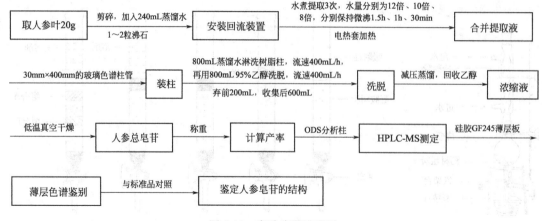

图 5-11　实验步骤流程图

流出液，直至与水混合不是白色浑浊为止。

## 六、思考题

1. 三萜皂苷可用哪些反应进行鉴定？如何与甾体皂苷区别？
2. 采用 HPLC-MS 对人参叶皂苷的分析时，可以采用哪些检测器？
3. 试设计一种人参叶总皂苷的提取纯化工艺路线。

## 参考文献

[1] 刘校妃，张志强，邹志琴，等. 白参及红参中五种人参皂苷含量的 HPLC-MS/MS 法快速测定 [J]. 时珍国医国药，2015，26（8）：1801-1804.

# 6

## 第六章

# 甾体及其皂苷

## 实验十二　渗漉法提取夹竹桃中夹竹桃苷及其检识

　　强心苷（Cardiac Glycosides）是自然界中存在的一类对心脏具有显著生物活性的甾体苷类化合物，是临床上常用的强心药物，可选择性作用于心脏，增强心肌收缩力、减慢心率，主要用于治疗心力衰竭与节律障碍等疾病。

　　强心苷主要分布于一些有毒植物中，夹竹桃（*Nerium indicum* Mill）的根、枝、叶、果仁、种子中都含有多种强心苷类，主要为欧夹竹桃苷丙（oleandrin）、欧夹竹桃苷甲（neriantin）、欧夹竹桃苷乙（adynerin）和去乙酰欧夹竹桃苷丙（deacetyloleandrin），均为甲型强心苷。欧夹竹桃苷丙的结构式如下所示。

欧夹竹桃苷丙

　　欧夹竹桃苷丙，分子式为 $C_{32}H_{48}O_9$，分子量 576.7，白色针晶（稀甲醇），有毒性，溶于乙醇、氯仿，几乎不溶于水，提取于夹竹桃科植物，为强心利尿剂，强心作用强度介于毒毛旋花子苷及洋地黄之间，治疗指数高，比较安全，利尿作用较洋地黄弱。

　　渗漉法是提取中药有效成分的常用方法，是将适度粉碎的药材原料置于渗漉筒中，由上部不断添加溶剂，溶剂渗过药材层向下流动过程中不断浸出药材中的有效成分。该法适用于脂溶性成分,尤其适合热不稳定的原料、贵重药材、毒性药材及高浓度制剂,也可用于有效成分含量较低的药材提取。

## 一、实验目的

1. 掌握渗漉法提取中药有效成分的方法。
2. 掌握强心苷类化合物的性质和检识方法。

## 二、实验原理

本实验提取的夹竹桃总强心苷均为原生苷,可溶于乙醇,且乙醇还可抑制酶的活性,防止酶水解的发生,故选用乙醇为提取剂,用渗漉法从材料中提取总强心苷。然后降低提取液中的醇浓度,使醇提取物中的主要杂质叶绿素和蜡质在较低温度下沉淀析出,再用铅盐沉淀除去酚类和皂苷类物质,得到较纯的总强心苷。

## 三、实验仪器和药品

**实验原料:**夹竹桃叶。

**实验试剂:**欧夹竹桃苷丙对照品、乙醇、石油醚、氯仿、二氯甲烷、醋酸铅、甲醇、醋酐、浓硫酸、冰醋酸、间二硝基苯、三氯化铁、香兰素。

**实验仪器:**渗漉装置(套)、500mL量筒、250mL锥形瓶、1000mL烧杯、500mL圆底烧瓶、250mL梨形分液漏斗、玻璃棒、布氏漏斗、滤纸、抽滤瓶、铁架台、层析缸、硅胶$GF_{254}$板、点样毛细管、铅笔、直尺、粉碎机、电子天平、称量纸、循环水真空泵、旋转蒸发仪、紫外分光光度计、电热鼓风干燥箱。

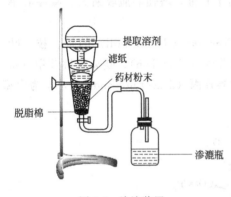

图 6-1 渗漉装置

提取溶剂
滤纸
药材粉末
脱脂棉
渗漉瓶

## 四、实验步骤流程

### 1. 强心苷粗提

(1) 样品采集与风干 采集完整无损的夹竹桃叶片,洗净后低温快速干燥,提取前用粉碎机研磨成粉。

(2) 渗漉提取 在渗漉筒底部放置棉花,将粉碎好的100g夹竹桃叶粉末放入渗漉筒,缓缓加入200mL 70%乙醇(60℃预热),待气体排尽后,浸渍15~20min,以适当流速渗漉,收集渗漉液;渗漉近完全时再加200mL 70%冷乙醇渗漉。实验装置见图6-1。

(3) 过滤回收 将二次渗漉后的醇液通过布氏漏斗过滤去残渣,将滤液合并,减压回收乙醇,直至剩余液体约为100mL。

(4) 去除脂溶性杂质 将浓缩后的母液转移至250mL梨形分液漏斗中,加入80mL石油醚,以萃取出其中的叶绿素等脂溶性杂质。充分混合后静置至出现明显分层,利用梨形分液漏斗将母液和醚层分离,弃醚层不用。上清液继续用石油醚进行萃取,2~3次后至石油醚层变为无色,可视为母液中的叶绿素等脂溶性杂质被基本除尽。

(5) 去除水溶性杂质 将母液转移到250mL锥形瓶中,沿着玻璃棒缓缓加入中性醋酸铅，以沉淀除去母液中所含鞣质、皂苷、水溶性色素。醋酸铅倒入后，立即出现大量青灰色絮状沉淀，用玻璃棒搅拌以充分反应。静置沉淀后，向上清液继续注入醋酸铅水溶液。如此反复至上清液不再出现沉淀。完全沉淀后，减压抽滤将沉淀物与母液分离，弃沉淀物不用。

**2. 强心苷的精制**

将上述滤液转移至 250mL 梨形分液漏斗中，加入 50mL 氯仿进行萃取，连续萃取 3 次，弃水相不用。过滤氯仿提取液，回收氯仿，抽干。加入 95％乙醇溶解后放置结晶，所得晶体为夹竹桃叶中总强心苷纯品。小心刮下结晶，计算得率。

**3. 强心苷的检识**

（1）显色反应

① 浓硫酸-醋酐反应（Liebermann-Burchard 反应） 取总强心苷样品 1mg 左右，溶于氯仿，滴加浓硫酸-醋酐（1：20）混合液数滴，先在两交界面出现红色，逐渐变为紫、蓝、紫、绿等颜色，最后褪色。

② 间二硝基苯试剂反应（Raymond 反应） 取总强心苷样品 1mg 左右，溶于乙醇中，加入 2％的 3,5 二硝基苯甲酸甲醇试剂 3～4 滴，产生红色或紫红色。

③ 三氯化铁-冰醋酸反应（Keller-Kiliani 反应） 取总强心苷样品 1mg 溶于 5mL 冰醋酸中，加 1 滴 20％三氯化铁溶液，沿试管壁缓缓加入 5mL 浓硫酸，观察界面和醋酸层的颜色变化。如有 $\alpha$-去氧糖或其苷存在，醋酸层逐渐呈蓝或蓝绿色，下层颜色视苷元性质而定。

（2）薄层色谱鉴别

吸附剂：硅胶 $GF_{245}$ 薄层板。

展开剂：二氯甲烷：甲醇：甲酰胺（80：19：1）。

样品液：自制总强心苷样品乙醇液（每 1mL 含 1.0mg）。

对照品液：夹竹桃苷丙对照乙醇液（每 1mL 含 1.0mg）。

显色：①0.5％香草醛-硫酸显色剂，105℃下加热显出紫色斑点；②2％的 3,5-二硝基苯甲酸甲醇显色剂，喷雾后显紫红色，几分钟后褪色；③紫外分光光度计 254nm 波长下检测。

结果：记录样品斑点和对照样品斑点的颜色和位置，计算 $R_f$。

实验步骤流程见图 6-2。

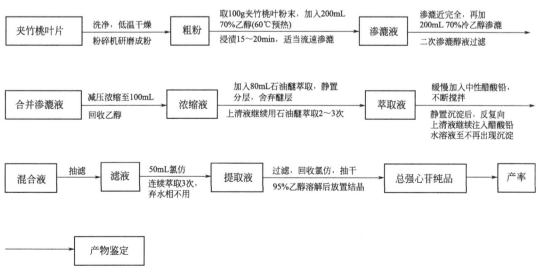

图 6-2　实验步骤流程图

## 五、操作要点

1. 植物中往往也含有能水解强心苷的酶，可以使强心苷水解生成次级苷，增加了成分的复杂性。因此，从植物材料中提取强心苷原生苷时，要注意保持原材料的新鲜，采集后需要低温快速干燥，保存时要注意避光、防潮。只有这样，才能有效防止提取过程中酸、碱和酶对强心苷的破坏作用。

2. 在去除鞣质、皂苷等杂质时，加入醋酸铅使其沉淀，过滤沉淀时在沉淀物中加入纯净水，反复抽滤以减小其对总强心苷的吸附，直到滤液变为无色方可。

## 六、思考题

1. 为什么用新鲜植物提取强心苷时，首先要做好酶的灭活的工作？

2. 从夹竹桃的叶片中提取强心苷和从夹竹桃果实中提取强心苷，前期的准备工作会有哪些不同？

3. 强心苷类化合物的颜色反应按其作用原理可以分为几类？各有哪些？

## 参考文献

[1] 温时媛，陈燕燕，李晓男，等. 黄花夹竹桃叶中总强心苷的快速提取及含量测定研究 [J]. 天津中医药，2017，34（1）：59-61.

[2] 卢艳花. 中药有效成分提取分离实例 [M]. 北京：化学工业出版社，2007：234-235.

# 实验十三　重楼中甾体皂苷的回流提取与检识

　　重楼（*Paris L.*）为百合科植物云南重楼或七叶一枝花的干燥根茎，具有清热解毒、消瘀散肿、凉肝定惊和祛痰平喘的功效，现代药理研究表明其具有抗癌、抗生育、抗微生物、镇静、镇痛、止咳平喘、止血等作用。

　　重楼的有效成分主要为甾体皂苷类化合物，其根茎含多种甾体皂苷，苷元主要为薯蓣皂苷元和偏诺皂苷元，其中薯蓣皂苷元的含量比较高，此外还含有生物碱、植物甾醇、植物蜕皮激素及氨基酸等。

　　薯蓣皂苷元（diosgenin），分子式 $C_{27}H_{42}O_3$，分子量 414.6，白色结晶（丙酮），不溶于水，可溶于一般有机溶剂和乙酸。其结构式如下所示：

薯蓣皂苷元

## 一、实验目的

　　1. 掌握中药中甾体皂苷类化合物的提取、精制及鉴别方法。

　　2. 熟悉薯蓣皂苷及其皂苷元的性质和检识方法。

## 二、实验原理

　　本实验采用热乙醇回流法提取重楼中的甾体总皂苷，然后用大孔树脂吸附法除去提取液中的糖、蛋白质等水溶性杂质得到甾体总皂苷。甾体总皂苷经酸水解可得薯蓣皂苷元和糖，利用薯蓣皂苷元不溶于水、溶于有机溶剂的性质，用石油醚萃取可得到薯蓣皂苷元。

## 三、实验仪器和药品

　　**原料**：100g 重楼粗粉。

　　**试剂**：95％乙醇、石油醚、2mol/L 盐酸溶液、0.1mol/L 氢氧化钠溶液、0.1mol/L 盐酸溶液、三氯乙酸、浓硫酸-醋酐试剂、浓硫酸、三氯甲烷、甲醇、乙酸乙酯、5％磷钼酸乙醇液、薯蓣皂苷元标准品。

　　**仪器**：回流装置（图 6-3），500mL 烧杯，250mL 量筒，布氏漏斗，抽滤瓶，250mL 梨形分液漏斗，铁架台，大孔树脂 D101，玻璃色谱柱（50mm×500mm），胶头滴管，50mL、100mL 锥形瓶，沸石，试管，试管架，pH 试纸，滤纸，硅胶 $G_{254}$ 板，点样毛细管，层析缸，喷雾瓶，电子天平，称量纸，水浴锅，旋转蒸发仪，电热鼓风干燥箱。

## 四、实验步骤流程

### 1. 甾体皂苷的提取

（1）样品准备　称取重楼粗粉100g，置于500mL圆底烧瓶中，再加入250mL 95%乙醇，1~2粒沸石。

（2）仪器安装　安装回流提取装置，从水浴锅开始，按从下往上的顺序安装，如图6-3所示。

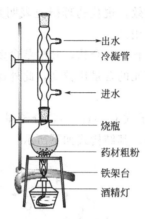

出水
冷凝管

进水

烧瓶
药材粗粉
铁架台
酒精灯

图6-3　回流提取装置

（3）提取　仪器安装完后，用水浴锅加热，回流提取2h，稍冷后抽滤，滤渣再加250mL 70%乙醇回流1h，合并乙醇提取液。

（4）浓缩与萃取　提取液经减压浓缩至干得到浸膏，浸膏加适量蒸馏水溶解，水溶液用100mL石油醚萃取脱脂。

（5）装柱　取50mm×500mm的玻璃色谱柱，以乙醇湿法装柱，继续用乙醇在柱上流动清洗，不时检查流出液，至与水混合不是白色浑浊为止（乙醇：水=1:5）。然后以大量蒸馏水洗去乙醇，待用。将样品液直接加到已处理好的大孔吸附树脂柱柱顶。拌样时药液和树脂的比例为1:(2~3)。

（6）洗脱　待样品液慢慢滴加完毕后，即可开始洗脱。先用蒸馏水洗至流出液颜色变淡，再用80%乙醇洗脱至振摇无泡沫为止。

（7）浓缩　将洗脱液（保留10mL作皂苷性质检识用）用旋转蒸发仪减压回收乙醇，水浴上蒸发浓缩至干，60℃烘干，即得甾体总皂苷。

### 2. 甾体皂苷的水解

取甾体总皂苷2g，加40mL 2mol/L盐酸溶液，回流2h，放冷后用石油醚萃取3次，每次40mL，合并萃取液，水洗至中性，回收石油醚至干，石油醚萃取物加20~30mL乙醇加热回流使其溶解，趁热过滤，放置结晶，抽滤，得薯蓣皂苷元。

### 3. 甾体皂苷及薯蓣皂苷元的检识

（1）皂苷的检识

泡沫实验：取前述80%乙醇洗脱液2mL至小管中，用力振摇1min，如产生大量泡沫，放置10min，泡沫没有显著消失，即表明含有皂苷。另取试管2支，各加入80%乙醇洗脱液1mL，一支管内加入2mL 0.1mol/L氢氧化钠溶液，另一支管加入2mL 0.1mol/L盐酸溶液，将两管塞紧用力振摇 1min，观察两管出现泡沫的情况，如两管的泡沫高度相近，表明为三萜皂苷，如含碱液管比含酸液管的泡沫高过数倍，表明含有甾体皂苷。

（2）薯蓣皂苷元的颜色反应

① 三氯乙酸试剂　取薯蓣皂苷元结晶少许分别置于干燥试管中，加等量固体三氯乙酸放在 60～70℃恒温水浴中加热，数分钟后由红色变为紫色。

② 硫酸-醋酐试剂　取薯蓣皂苷元结晶少许，分别置于白瓷板上，加硫酸-醋酐试剂 2～3 滴，观察颜色由红色依次变为紫色、蓝色、绿色、污绿色，最后褪色。

③ 浓硫酸试剂　取薯蓣皂苷元结晶少许，分别置于白瓷板上，加浓硫酸 2 滴，观察颜色变化，最后出现绿色，并逐渐褪色。

（3）甾体总皂苷的薄层色谱

薄层板：硅胶 $G_{254}$ 板。

样品：制备的甾体总皂苷的甲醇溶液（0.5mg/mL）。

展开剂：三氯甲烷：甲醇：水（65：35：10）。

显色剂：5％磷钼酸乙醇液，喷雾后加热，显蓝色斑点。

（4）薯蓣皂苷元的薄层色谱

薄层板：硅胶 $G_{254}$ 板。

样品：薯蓣皂苷元，薯蓣皂苷元乙醇重结晶母液。

对照品：薯蓣皂苷元标准品乙醇溶液。

展开剂：石油醚：乙酸乙酯（7：3）。

显色剂：5％磷钼酸乙醇液，喷雾后加热，显蓝色斑点。

实验步骤流程见图 6-4。

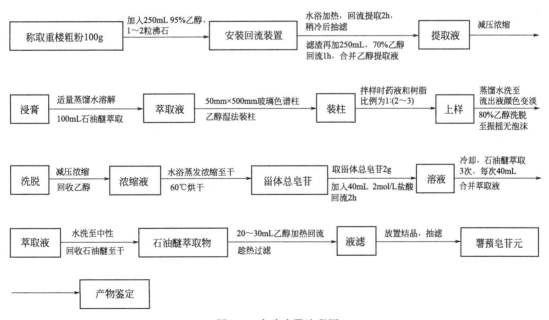

图 6-4　实验步骤流程图

## 五、操作要点

1. 在回流提取过程中，水浴温度不宜过高，以免溶剂过度挥发。

2. 在使用旋转蒸发仪回收乙醇减压浓缩时，皂苷易产生大量泡沫发生倒吸现象，故应注意观察并随时调整水浴温度及旋转蒸发仪的转速，避免事故发生。

3. 市售大孔吸附树脂常含有一定量未聚合的单体、致孔剂、分散剂、交联剂和防腐剂等杂质，使用前必须进行预处理，以乙醇湿法装柱，继续用乙醇在柱上流动清洗，不时检查流出液，至与水混合不是白色浑浊为止。

4. 甾体皂苷酸水解后应充分洗涤呈中性，以免烘干时炭化。

## 六、思考题

1. 甾体皂苷水解有哪些常用的方法？
2. 甾体皂苷可以用哪些方法进行检识？

<h2 style="text-align:center">参考文献</h2>

[1] 边洪荣，李小娜，王会敏. 重楼的研究及应用进展 [J]. 中药材，2002，25 (3)：218-220.
[2] 王仕宝，苏莹，李会宁，等. 响应面法优化重楼药材中甾体皂苷的回流提取工艺研究 [J]. 陕西农业科学，2019，65 (01)：46-52.

# 7

# 第七章

# 醌类化合物

## 实验十四　大黄中大黄素的提取与检识

大黄为廖科植物掌叶大黄（*Rheum palmatum* L.）、唐古特大黄（*R. tanguticum* Matim. ex Balf.）及药用大黄（*R. finale* Baill.）的干燥根及根茎，具有泻热通经等功效。大黄中的主要成分为蒽醌类化合物，含量约为 3%～5%，大部分与葡萄糖结合成苷，游离蒽醌主要有五种，如表 7-1 所示。

蒽醌

**表 7-1　主要游离蒽醌**

| R$_1$ | R$_2$ | 名称 | 分子式 | 分子量 | 颜色及晶形 | 熔点 |
|---|---|---|---|---|---|---|
| —H | —COOH | 大黄酸(rhein) | $C_{15}H_7O_6$ | 283.2 | 黄色针晶 | 318～320℃ |
| —CH$_3$ | —OH | 大黄素(emodin) | $C_{15}H_{10}O_5$ | 270.2 | 橙色针晶 | 256～257℃ |
| —H | —CH$_2$OH | 芦荟大黄素(aloe-emodin) | $C_{15}H_{10}O_5$ | 270.2 | 橙色细针晶 | 206～208℃ |
| —CH$_3$ | 无 | 大黄素甲醚(physcion) | $C_{16}H_{12}O_5$ | 284.3 | 砖红色针晶 | 207℃ |
| —H | —CH$_3$ | 大黄酚(chrysophanol) | $C_{15}H_{10}O_4$ | 254.2 | 金色片状结晶 | 196℃ |

游离蒽醌易溶于氯仿、乙醚等有机溶剂，不溶于水。大黄中游离蒽醌结构不同，因而酸性强弱也不同。大黄酸具有羧基，大黄素具有 $\beta$-酚羟基，芦荟大黄素连有苄醇羟基，大黄素甲醚和大黄酚均具有1,8-二酚羟基，前者连有—OCH$_3$ 和—CH$_3$，后者只连有—CH$_3$，酸性由强到弱为：大黄酸＞大黄素＞芦荟大黄素＞大黄素甲醚＞大黄酚。

## 一、实验目的

1. 掌握索氏提取器的使用方法。
2. 掌握 pH 梯度提取蒽醌类化合物的原理和操作技术。
3. 熟悉羟基蒽醌类化合物鉴别方法。

## 二、实验原理

大黄中蒽醌苷类经酸水解后生成对应苷元，根据蒽醌苷元易溶于氯仿、乙醚等有机溶剂，而不溶于水的特性，本实验选用乙醚进行提取。利用大黄中游离蒽醌类化合物的酸性差异，可用碱性强弱不同的溶液，对大黄乙醚提取物进行 pH 梯度萃取分离。根据大黄中不同蒽醌类成分与大黄素标准品的薄层色谱斑点的颜色和 $R_f$ 值大小进行比对鉴别。

## 三、仪器与药品

**原料**：大黄粗粉 20g。

**药品**：20％硫酸溶液、5％碳酸氢钠溶液、5％碳酸钠溶液、5％氢氧化钠溶液、乙醚、盐酸、蒸馏水、丙酮、大黄素标准品，0.5％醋酸镁甲醇溶液。

**仪器**：回流装置、索氏提取器（图 7-1）、250mL 圆底烧瓶、250mL 烧杯、玻璃棒、电热套、水浴锅、铁架台、锥形瓶、旋转蒸发仪、循环水式多用真空泵、抽滤瓶、滤纸、梨形分液漏斗、紫外分光光度计、层析缸、硅胶 GF254 板、喷雾瓶、点样毛细管、铅笔、直尺、pH 试纸。

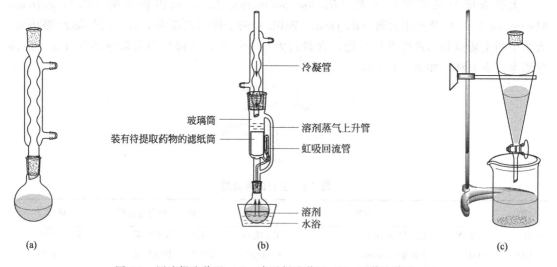

图 7-1　回流提取装置（a）、索氏提取装置（b）和萃取装置（c）

## 四、实验步骤流程

### 1. 酸水解

取大黄粉 20g，置于 250mL 圆底烧瓶中，加 20％ $H_2SO_4$ 水溶液 100mL，安装回流提取装置，如图 7-1（a）所示，加热回流提取 1h，用布氏漏斗抽滤，滤饼水洗后于 70℃左右干燥。

### 2. 总游离蒽醌的提取

滤饼经干燥后，用滤纸包裹后置于索氏提取器中，加入乙醚 50mL，安装索氏提取装置，如图 7-1(b) 所示，在 250mL 圆底烧瓶中加入乙醚 100mL，回流提取 1h，得乙醚提取液。

### 3. pH 梯度萃取分离

(1) 将上述乙醚提取液以 5% 碳酸氢钠溶液振荡提取，水层呈紫红色。分出水层，再重复提取数次，直至不显红色为止（共约 120mL，分 2～3 次提取）。合并水层提取液，用盐酸酸化 pH 至 3 左右，即得黄色沉淀。过滤，先用水洗沉淀数次，再用少量冰冷的丙酮洗，以除去有色杂质，滤饼为黄色晶体 A，萃取装置见图 7-1(c)。

(2) 碳酸氢钠溶液提取后的乙醚层再以 5% 碳酸钠溶液振荡提取数次（共约 120mL，分 2～3 次提取），至水层呈红色，合并水层提取液，用盐酸酸化至 pH＝6 左右，即得黄色沉淀，过滤，先用水洗沉淀数次，再用少量冰冷的丙酮洗，滤饼为橙黄色晶体 B。

(3) 碳酸钠溶液提取后的乙醚层再经 0.25% 氢氧化钠溶液振荡提取数次（约 100mL，分 3～4 次提取），至水层呈红色，合并水层提取液，用盐酸酸化至 pH 为 6 左右，即得橙色沉淀，过滤，用水洗沉淀数次，滤饼为橙色晶体 C。

(4) 上述芦荟大黄素分离后的乙醚液用 5% 氢氧化钠溶液振荡提取数次，直至无色，合并深红色的水层溶液，用盐酸酸化至 pH 为 6 左右，即得黄色沉淀，过滤，水洗沉淀数次，干燥后得大黄酚和大黄素甲醚混合物 D。

### 4. 薄层色谱鉴别

吸附剂：硅胶 $GF_{245}$ 薄层板。

展开剂：石油醚-乙酸乙酯（7：3）。

样品液：自制晶体 A、B、C、D 甲醇溶液（每 1mL 含 0.5mg）。

对照品液：大黄素对照品甲醇液（每 1mL 含 0.5mg）。

显色：置于紫外灯 365nm 波长下检识、5% 氢氧化钠水溶液、0.5% 的醋酸镁甲醇溶液。

结果：记录样品斑点和对照样品斑点的颜色和位置，计算 $R_f$，判断晶体 A～D 中哪个是大黄素。

实验步骤流程见图 7-2。

## 五、操作要点

1. 酸水解后滤饼需充分水洗，防止干燥过程中水分蒸发使滤渣中的硫酸浓度增高，造成药粉炭化。

2. 索氏提取时玻璃仪器必须干燥，若圆底烧瓶中有水，水将会改变提取试剂的极性，影响提取效率，且可能与乙醚混溶改变溶剂沸点。

3. pH 梯度萃取蒽醌苷元时，水中若含有少量乙醚，则酸化后不能得到沉淀，因为蒽醌苷元会溶于乙醚中，即增溶作用。

## 六、思考题

1. 大黄素的碱液反应和醋酸镁反应的原理是什么？

2. 薄层色谱检识时，根据斑点颜色和 $R_f$ 值大小，判断晶体 A～D 分别为哪种蒽醌苷元。

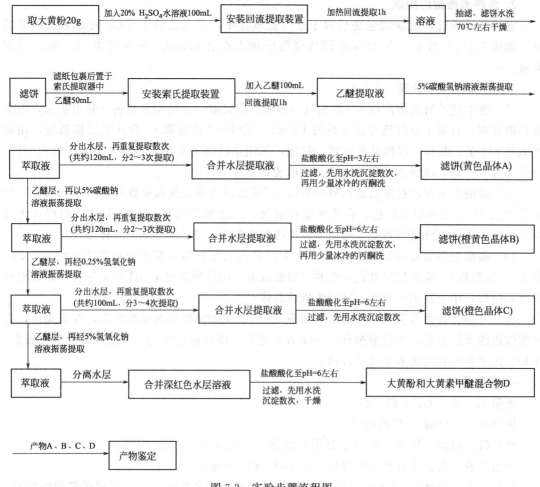

图 7-2　实验步骤流程图

3. 蒽醌苷元有哪些性质？根据它的性质，说明其 pH 梯度萃取法的分离原理。

## 参考文献

[1]　杨月. 大黄中蒽醌类化合物的提取和分离 [M] //天然药物化学实验指导. 安徽：安徽大学出版社，2014：58-62.

[2]　徐选明，季瑛，刘新，等. 大黄中大黄素提取工艺的优化 [J]. 中国中医药信息杂志，2004，11：423-424.

[3]　朱庆玲，李瑞和，石文宏. 大黄中大黄素的提取工艺研究 [J]. 时珍国医国药，2006，17：388-389.

# 实验十五  大黄中蒽醌苷的提取和分离

大黄为廖科植物掌叶大黄（*Rheum palmatum* L.）、唐古特大黄（*R. tanguticum* Matim. ex Balf.）及药用大黄（*R. finale* Baill.）的干燥根及根茎，具有泻热通经等功效。大黄中的主要成分为蒽醌类化合物，含量约为 3%～5%，大部分与葡萄糖结合成苷。其中，二蒽酮苷类的番泻苷（sennoside）A、番泻苷 B、番泻苷 C、番泻苷 D 是大黄泻下作用的有效成分，易溶于亲水性有机溶剂，在亲脂性有机溶剂中溶解度较低。

番泻苷A R=COOH
番泻苷C R=CH₂OH

番泻苷B R=COOH
番泻苷D R=CH₂OH

番泻苷 A，分子式 $C_{42}H_{38}O_{20}$，分子量 862.7，黄色晶体（丙酮），不溶于水、苯、氯仿、乙醚，微溶于甲醇、乙醇、丙酮、二氧六环，但在与水相混的有机溶剂中的溶解度随含水量的增加而增大，溶剂中含水量达 30% 时溶解度最大，能溶于碳酸氢钠水溶液中，易被酸水解生成 2 分子葡萄糖和 1 分子番泻苷元 A。

番泻苷 B，是番泻苷 A 的异构体，亮黄色棱状晶体（丙酮）或良好的针晶（水），溶解性同番泻苷 A。

番泻苷 C，分子式 $C_{42}H_{40}O_{19}$，分子量 848.8，浅黄色结晶，溶解性同番泻苷 A。

番泻苷 D，是番泻苷 C 的异构体，黄色结晶粉末，可溶于甲醇、二甲基亚砜等有机溶剂。

## 一、实验目的

1. 掌握蒽醌苷类化合物的提取分离方法。
2. 掌握葡聚糖凝胶 Sephadex LH-20 色谱法的原理和操作。

## 二、实验原理

本实验采用含水的极性有机溶剂 70% 乙醇提取蒽醌苷类，用与水不相混溶的有机溶剂氯仿萃取游离蒽醌化合物。然后利用兼具分子筛、分配色谱和吸附色谱特性的 Sephadex LH-20 葡聚糖凝胶色谱，将大黄中的蒽醌苷类按分子量由大到小的顺序进行分离，TLC 显色，合并收集到的流分。

## 三、实验仪器和药品

原料：大黄 50g。

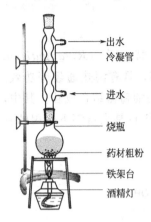

图 7-3 回流提取装置

试剂：70％乙醇、氯仿、甲醇、浓盐酸、氢氧化钠、醋酸铅、Sephadex LH-20。

仪器：500mL 圆底烧瓶，球形冷凝管，250mL、50mL、10mL 量筒，布氏漏斗，抽滤瓶，250mL 梨形分液漏斗，250mL 烧杯，玻璃色谱柱（10mm×800mm），250mL 锥形瓶，长胶头滴管，0.45μm 微孔滤膜，滤纸，层析缸，硅胶 $GF_{254}$ 板，喷雾瓶，点样毛细管，铅笔，直尺，铁架台，电子天平，称量纸，电热套，水浴锅，旋转蒸发仪，循环水真空泵，紫外可见分光光度计，流分收集器。

## 四、实验步骤流程

### 1. 大黄蒽醌苷的提取

（1）样品准备　取大黄粉末 50g，置于 500mL 圆底烧瓶中，加入 250mL 70％乙醇，1～2 粒沸石。

（2）仪器安装　安装回流提取装置，从电热套开始，按从下往上的顺序安装，且圆底烧瓶不能与电热套接触，要有一定的距离，以便于采用空气浴均匀加热，装置见图 7-3。

（3）回流提取　用 70％乙醇回流提取两次，第一次用乙醇 250mL 回流提取 1h，第二次用乙醇 200mL 回流提取 0.5h，趁热抽滤，合并滤液。

（4）浓缩　待提取装置稍冷无回流后，减压回收提取液中的乙醇至无醇味。

（5）萃取　用氯仿萃取提取液 3 次，每次用量为 50mL，萃取之后合并水层（氯仿层为游离蒽醌），加入醋酸铅溶液，过滤，用蒸馏水洗涤沉淀后，加水使沉淀悬浮于水中，通入硫化氢脱铅，并使沉淀分解，过滤除去硫化铅。

（6）蒸发　将滤液的 pH 用 NaOH 调至中性，蒸干得到粗蒽醌苷。

### 2. Sephadex LH-20 凝胶装柱

（1）装柱　取 Sephadex LH-20 干粉 10g，浸泡于 70％甲醇中，充分搅拌。取 10mm×800mm 的玻璃色谱柱，以 70％甲醇为溶剂，湿法装入充分溶胀的 Sephadex LH-20。

（2）上样和洗脱　取粗蒽醌苷 1g 左右，用尽量少的 70％甲醇溶解，用 0.45μm 微孔滤膜过滤。打开 Sephadex LH-20 凝胶柱下端旋塞，放出柱床上方的液体至液面与床面齐平，关闭旋塞。取滤液 2mL，沿柱床上方管壁加入；打开柱下端旋塞放出液体，使柱上的液面与床面齐平，关闭旋塞；吸取少量 70％甲醇洗涤样品溶液容器，转移至柱床上方时将柱管内壁沾附的样品溶液轻柔冲下，打开旋塞，放出液体至液面与床面齐平，关闭旋塞；洗涤柱管内壁 2～3 次后，用 70％甲醇 100mL 冲洗凝胶柱，流速不要超过 1mL/min。分步收集，2mL 为一流分。

### 3. 流分检测和合并

将收集到的流分按流出的先后顺序点样（每隔 1 管或 2 管点样），用氯仿：甲醇：水=6：3：1 上行展开 4cm 左右，取出，晾干，在 254nm 紫外光下观察暗斑，或喷 0.5％氯化铝，在 365nm 紫外光下观察荧光。合并相同流分，减压蒸去甲醇，放冷，过滤，收集沉淀。实验步骤流程见图 7-4。

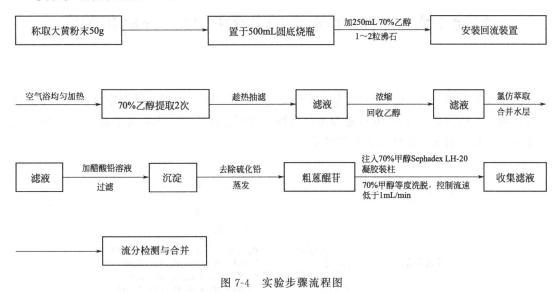

图 7-4　实验步骤流程图

## 五、操作要点

1. 凝胶柱的柱长增加会有效改善分离效果，实验时应该选择细长的柱子。

2. 装柱时凝胶最好一次倾入，否则由于凝胶沉降速度不一，柱中会留有气泡或者部分松紧不均，会影响谱带的均一性；沉降过程中，勿敲击，使凝胶自由沉降。

3. 用尽量少的洗脱剂溶解样品，建议控制在床体积的 1%～2%，过滤后，湿法上样。

4. Sephadex LH20 价格较高，为节约可反复使用，每次用完，一般可用甲醇将柱子洗干净，然后用下一次分离的起步溶剂将甲醇替换出来，待用；如长期不用，可在以上处理基础上，减压抽干，再用少量乙醚洗净抽干，室温充分挥散至无醚味后，60～80℃干燥后保存。

## 六、思考题

1. 如何鉴定蒽醌苷类成分？

2. 游离蒽醌衍生物和蒽醌苷类的提取分离方法有何不同？

3. 凝胶过滤色谱的洗脱为什么是按分子量由大到小的顺序？

### 参考文献

[1] 马玉哲，张俊杰，李红霞. 大黄中蒽醌成分提取方法 [J]. 河北理工大学学报，2009，31 (2)：131-134.

[2] 武新安，魏玉辉，沈明谦，等. 大黄粉末中蒽醌类成分提取方法比较 [J]. 兰州大学学报，2006，32 (4)：38-40.

[3] 张立. 醇提取法提取大黄中蒽醌成分研究 [J]. 亚太传统医药，2014，10 (16)：23-24.

[4] 邵晶，郭玫，余晓晖，等. 大黄中蒽醌的提取纯化工艺研究进展 [J]. 安徽农业科学，2010，38 (11)：5864-5866，5869.

# 实验十六　茜草中醌类成分的提取、分离和鉴定

茜草为茜草科（*Rubiaceae*）茜草（*Rubia cordifolia* L.）的根，具有凉血止血、活血祛瘀等功效。中药茜草中含有 19 种蒽醌类化合物，主要有茜草素、大叶茜草素、羟基茜草素、1-羟基-2-甲基蒽醌等，其结构式如下所示。

| |  |  |  |  |
|---|---|---|---|---|
| 羟基茜草素 | $R_1$=OH | $R_2$=OH | $R_3$=H | $R_4$=OH |
| 茜草素 | $R_1$=OH | $R_2$=OH | $R_3$=H | $R_4$=H |
| 1-羟基-2-甲基蒽醌 | $R_1$=OH | $R_2$=CH$_3$ | $R_3$=H | $R_4$=H |
| 茜黄素 | $R_1$=OH | $R_2$=CH$_3$ | $R_3$=OH | $R_4$=H |

茜草中主要蒽醌类化合物的化学结构式

大叶茜草素，分子式 $C_{17}H_{16}O_4$，分子量 284.3，萘醌衍生物，黄色片状结晶，m.p.128～132℃，具有升华性，不溶于水，可溶于甲醇、乙醇、二甲基亚砜（DMSO）等有机溶剂，易溶于氯仿、乙酸乙酯。

羟基茜草素，化学式 $C_{14}H_8O_5$，分子量 256.2，橙红色结晶粉末，可溶于甲醇、乙醇、DMSO 等有机溶剂。

茜草素，分子式 $C_{14}H_8O_4$，分子量 240.2，橘红色晶体或赭黄色粉末，m.p.289.5℃，可溶于甲醇、乙醇、苯、冰醋酸、吡啶、二硫化碳、DMSO 等有机溶剂，微溶于水。

茜草素及其类似物的紫外光谱在 200～600nm 之间有 5 个特征吸收峰。230nm 左右，多数羟基蒽醌均有此吸收，且为强峰；240～260nm，由苯甲酰基结构引起；262～295nm 是醌环的吸收峰，$\beta$-OH 的存在可使吸收峰红移，强度增加；305～389nm 是苯环的吸收峰，$\alpha$ 位有取代时，峰位红移，强度降低，取代基位于 $\beta$ 位时则吸收强度增大；400nm 以上为醌环的吸收峰，由醌结构中的 C＝O 引起，与 $\alpha$-OH 数目有关，数目越多，红移越大。

## 一、实验目的

1. 掌握茜草总蒽醌提取的实验操作方法。
2. 熟悉茜草素的紫外光谱特征。

## 二、实验原理

利用醌类成分的溶解性，采用乙醇为提取剂，从茜草粗粉中回流提取后用乙醚萃取得到总苷元浸膏，然后用硅胶色谱法进行分离提纯，并用紫外分光光度法对分离得到的单体成分进行结构鉴定。

### 三、实验仪器与药品

**原料：** 茜草粗粉 150g。

**试剂：** 乙醇、乙醚、石油醚、乙酸乙酯。

**仪器：** 1000mL、500mL 圆底烧瓶，球形冷凝管，天平，150mL 烧杯，250mL 梨形分液漏斗，循环水真空泵，布氏漏斗，滤纸，500mL 量筒，1000mL、250mL 锥形瓶，100～200 目硅胶，玻璃色谱柱，铁架台，脱脂棉，层析缸，硅胶 GF$_{254}$板，喷雾瓶，点样毛细管，铅笔，直尺。

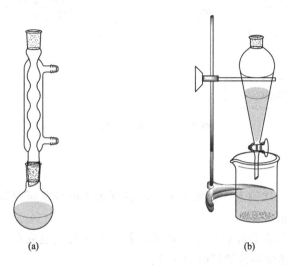

图 7-5　回流提取装置（a）和萃取装置（b）

### 四、实验步骤流程

**1. 茜草总蒽醌的提取**

（1）回流提取　取茜草素粗粉 150g，置于 1000mL 圆底烧瓶中，以 95％乙醇回流提取。第一次用乙醇 500mL 回流 1h，第二次用乙醇 300mL 回流 0.5h，第三次用乙醇 250mL 回流 0.5h，合并醇液，放置。回流提取装置见图 7-5(a)。

（2）回收浸膏　若有沉淀进行抽滤，减压回收乙醇得浸膏。

（3）乙醚萃取　浸膏加适量水稀释后置于 250mL 梨形分液漏斗中，加乙醚萃取，每次 80mL，共 5 次，合并萃取液，萃取装置见图 7-5(b)。

（4）总苷元浸膏　回收溶剂得总苷元浸膏。

**2. 分离和提纯**

（1）装柱　取 100～200 目的硅胶约 200g，按湿法装柱。将硅胶混悬于装柱溶液中不断搅拌，待除去气泡后，连同溶剂一起倾入色谱柱中。

（2）加样　将总苷元浸膏溶于适量乙醚置于蒸发皿中，用 100～200 目硅胶拌样。水浴加热挥发除去溶剂，将样品均匀加于色谱柱床顶端。

（3）洗脱　以石油醚-乙酸乙酯为洗脱液梯度洗脱，分段收集，每份 100mL，用硅胶薄层色谱跟踪检查，合并相同的组分。适当浓缩、放置析晶，20∶1 洗脱部分得大叶茜草素；9∶1 洗脱部分经重结晶或硅胶色谱纯化得 1-羟基-2-甲基蒽醌；7∶3 洗脱部分经重结晶或硅胶色谱纯化得羟基茜草素,其中大叶茜草素含量最高。

### 3. 结构鉴定

对茜草素标准品和自制茜草素的紫外光谱进行测定对比。

实验步骤流程见图7-6。

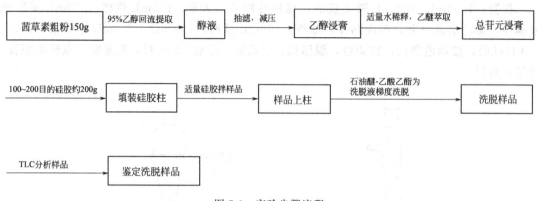

图 7-6　实验步骤流程

## 五、操作要点

1. 装柱时硅胶最好一次倾入,否则由于不同粒度大小的硅胶沉降速度不一,使硅胶有明显的分段现象,影响分离效果。

2. 色谱柱填装紧密与否直接影响分离效果,若柱中留有气泡或部分松紧不均甚至有断层或暗沟,会影响渗滤速度和色谱带的均一性。

3. 加样后在柱顶表面需加脱脂棉或滤纸,可防止加流动相时吸附剂冲起来而影响分离效果。

4. 在柱色谱实验整个过程中,柱体都应保持在液面以下,柱体干裂会严重影响色谱的分离效果。

## 六、思考题

1. 哪些填料可用于吸附柱色谱分离?

2. 简述硅胶柱色谱分离原理及操作要点。

3. 色谱柱填充不均匀导致有气泡,会对实验有什么影响?如何避免?

### 参考文献

[1] 吴立军. 茜草中醌类成分的提取、分离和鉴定 [M] // 天然药物化学实验指导. 成都:人民卫生出版社. 2012: 171-176.

[2] 王素贤, 华会明. 茜草中蒽醌类成分的研究 [J]. 药学学报, 1992, 27 (10): 743-747.

[3] 苏静慧, 吕强三, 李红霞. 超声波法提取茜草中蒽醌成分 [J]. 河北理工大学学报(自然科学版), 2011, 33 (4): 101-104.

[4] 王春兰, 周婷, 祁宇. 茜草根中蒽醌成分超声提取的工艺研究 [J]. 湖南农业科学, 2014 (21): 57-58.

# 8

## 第八章

# 苯丙素类

---

## 实验十七　八角茴香中挥发油的提取与茴香脑的检识

八角茴香为兰木科植物八角茴香（*Illicium verum*）的干燥成熟果实，为我国的特产中药和香辛料，主治寒疝腹痛、腰膝冷痛、胃寒呕吐、脘腹疼痛、寒湿脚气等，其药效成分主要为八角茴香挥发油，含量为 4%～9%。挥发油中主要成分是茴香醚，约为总挥发油的80%～90%，冷时常自油中析出，故称茴香脑。此外，尚有少量莽草酸、甲基胡椒酚、茴香醛、茴香酸等。

| 茴香脑 | 莽草酸 | 甲基胡椒酚 | 茴香醛 | 茴香酸 |

茴香脑（anethole），又称大茴香醚、茴香烯、茴香醚。分子式 $C_{10}H_{12}O$，分子量148.2。为白色结晶，m.p. 21.4℃，b.p. 235℃，与乙醚、氯仿混溶，溶于苯、醋酸乙酯、丙酮、二硫化碳及石油醚，几乎不溶于水。

八角茴香挥发油的提取方法有水蒸气蒸馏法、索氏提取法、超临界 $CO_2$ 萃取法等。本实验采用超临界 $CO_2$ 萃取法提取八角茴香挥发油，该法虽设备成本较高，但具有工艺过程简单、操作温度低、分离效率及速率高、无溶剂残留、萃取物常温下无凝固等优点。

挥发油的主要成分有萜类化合物、芳香族化合物、脂肪族化合物、其他类化合物，各类成分的极性互不相同，一般不含氧的烃类和萜类化合物的极性较小，在薄层色谱板上可以用石油醚较好地展开；而含氧的烃类和萜类化合物极性较大，不易被石油醚展开，但可被石油醚与醋酸乙酯的混合溶剂较好地展开，为了使挥发油中各成分能在一块薄层色谱板上进行分离，常采用单向二次色谱法在薄层板上进行点滴试验。

## 一、实验目的

1. 掌握超临界 $CO_2$ 萃取法的基本原理和操作技术。
2. 熟悉挥发油的一般鉴别知识及薄层色谱单向二次展开检识成分的方法。
3. 熟悉气相色谱-质谱联用技术（GC-MS）分析挥发油化学成分的原理和操作技术。

## 二、实验原理

本实验采用超临界 $CO_2$ 流体萃取八角茴香挥发油，选择适宜的检识试剂，采用单向二次色谱法在薄层板上进行检识，从而了解组成挥发油的成分。通过对样品斑点和对照样品茴香脑斑点的颜色和位置 $R_f$ 进行比对，对茴香油中的茴香脑成分进行指认，并通过 GC-MS 测定其主要化学成分。

## 三、实验仪器和药品

**原料**：新鲜干八角茴香 80g。

**试剂**：石油醚（60～90℃）、乙酸乙酯、香草醛-浓硫酸试剂、荧光素-溴试剂、2,4-二硝基苯肼试剂、0.05％溴甲酚绿乙醇试剂。

**仪器**：超临界流体（$CO_2$）萃取装置（图 8-1）、GC-MS 仪、粉碎机、200 目筛、量筒、层析缸、硅胶 $GF_{254}$ 板、喷雾瓶、点样毛细管、铅笔、直尺。

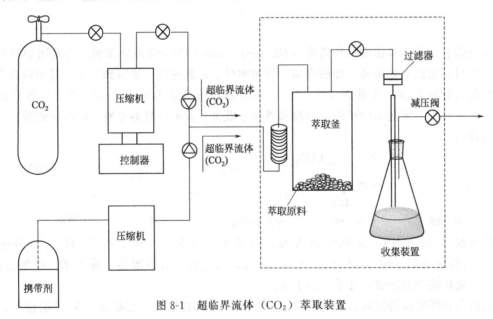

图 8-1　超临界流体（$CO_2$）萃取装置

## 四、实验步骤流程

### 1. 八角茴香油的提取

（1）样品准备　取新鲜干八角茴香 80g，粉碎机研磨成粉，过 200 目筛，选取直径为 0.5～2mm 的颗粒作为反应原料。

（2）超临界 $CO_2$ 萃取　称取 50g 八角茴香粗粉，装入 1L 萃取釜中，用超临界流体萃取实验装置萃取，设置萃取时间 3h、萃取温度 55℃、萃取压力 30MPa，萃取物在分离釜中析出，即为八角茴香油。

（3）计算产率　称量，计算产率，保存于棕色瓶中。

$$八角茴香萃取率＝\frac{挥发油量（mL）}{样品量（g）}×100\%$$

**2. 挥发油的鉴定**

（1）薄层色谱单向二次展开检识

取硅胶 $G_{254}$ 薄层色谱板（3cm×10cm）一块，在距底边 1cm 及 6cm 处分别用铅笔画起始线和中线。将八角茴香油和茴香脑标准品分别溶于乙醇，用毛细管分别在起始线上点板，先用石油醚-乙酸乙酯（85∶15）为展开剂，展开至薄层板中线处取出，挥发除去展开剂，再放入石油醚中展开至接近薄层板顶端时取出，挥发除去展开剂后，分别用以下几种显色剂喷雾显色。

① 1%香草醛-硫酸试剂：可与挥发油产生紫色、红色等。

② 荧光素-溴试剂：如产生黄色斑点，表明含有不饱和化合物。

③ 2,4-二硝基苯肼试剂：如产生黄色斑点，表明含有醛类或酮类化合物。

④ 0.05%溴甲酚绿乙醇试剂：如果产生黄色斑点，表明含有酸性化合物。

观察斑点的数量、颜色和位置，计算 $R_f$，推测每种挥发油中可能含有化学成分的种类及数量，并对茴香醚进行指认。

（2）GC/MS 分析

色谱条件：HP-5 石英毛细管柱（30m×250mm×0.25μm）；采用程序升温，初温 60℃，以每分钟 4℃ 的速度升至 250℃，保持 10min 结束；进样口温度 250℃；载气为高纯氦气，流速 1.0mL/min；分流比 20∶1，进样量为 1μL。

质谱条件：电离方式为电子轰击，电子能量 70eV，接口温度 230℃，电子倍增器电压 1.89kV；扫描范围 35～500amu，采用全扫描工作方式，利用 Nist02 谱库对采集到的质谱图进行检索。

实验步骤流程见图 8-2。

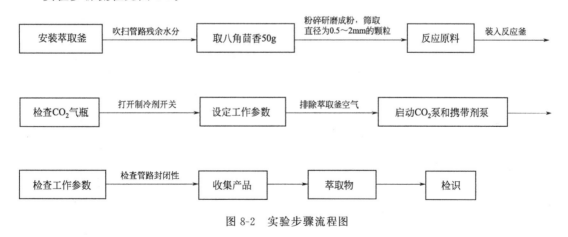

图 8-2　实验步骤流程图

## 五、操作要点

1. 在超临界萃取过程中，由于设备高压运行，实验者不得离开操作现场，不得随意乱动仪器后面的管路、管件等，如果发现问题应及时切断电源，然后协同指导老师解决。

2. 进行单向二次展开时，先用极性较大的展开剂展开至中线，然后再用极性较小的展开剂展开。在第一次展开后，应等展开剂完全挥发干，再进行第二次展开，否则将影响第二次展开剂的极性，从而影响分离效果。

3. 挥发油易挥发损失，因此在进行层析检识时，操作应迅速及时，不宜久放。

4. 喷洒香草醛-浓硫酸显色剂时，应于通风橱内进行；用溴甲酚绿试剂显色时，应避免在酸性条件下进行。

## 六、思考题

1. 本实验还可采用什么萃取方法，各有什么优缺点？
2. 超临界流体的特性是什么？为什么选用 $CO_2$ 作为萃取剂？
3. 超临界萃取装置可以用于哪些类型物质的提取？

## 参考文献

[1] 蔡定建，朱烨蓓，毛林春. 超临界 $CO_2$ 萃取 GC-MS 分析八角茴香油成分 [J]. 中国食品添加剂，2008（4）：143-147.
[2] 杨靖，李瑞丽，陈芝飞，等. 八角茴香油的超临界 $CO_2$ 萃取及分析 [J]. 中国调味品，2010，35（12）：77-79.
[3] 韩林宏. 八角茴香挥发油提取方法与药理研究进展 [J]. 中南药学，2018，16（11）：18-21.

# 实验十八　重结晶法提取连翘叶中连翘苷

连翘 ［*Forsythia suspensa*（Thunb.）Vahl］为木犀科连翘属植物连翘的干燥果实，具有清热解毒、消肿散结的功效。从连翘中分离鉴定了数百种成分，包括木脂素类、苯乙醇苷类、黄酮类、环己酮及环己醇类与生物碱类等。连翘果实中连翘苷（phillyrin）约占 0.2%，连翘叶中连翘苷含量可达 5%。

连翘苷

连翘苷，分子式为 $C_{27}H_{34}O_{11}$，分子量为 534.5，熔点为 184～185℃，白色针状结晶，FAB-MS $m/z$：557 ［M＋Na］$^+$。$^1$H-NMR（$CD_3OD$，400MHz）$\delta_H$：7.11（1H，d，$J=$ 1.8Hz，H-2），7.23（1H，d，$J=8.4$Hz，H-5），7.02（1H，dd，$J=8.4$，1.8Hz，H-6），4.55（1H，d，$J=6.8$Hz，H-7），3.01（1H，m，H-8），4.25（1H，m，H-9a），3.98（1H，m，H-9b），7.09（1H，brs，H-2′），7.03（1H，d，$J=8.0$Hz，H-5′），7.03（1H，brd，$J=8.0$Hz，H-6′），4.97（1H，m，H-7′），3.47（1H，m，H-8′），3.36（1H，m，H-9′a），3.89（1H，m，H-9′b），4.97（1H，d，$J=7.8$Hz，H-1″），3.58（1H，m，H-2″），3.56（1H，m，H-3″），3.47（1H，m，H-4″），3.46（1H，m，H-5″），3.94（1H，m，H-6″a），3.79（1H，dd，$J=12.8$，4.4Hz，H-6″b），3.97（3H，s，OMe），3.94（3H，s，OMe），3.93（3H，s，OMe）；$^{13}$C-NMR（$CD_3OD$，100MHz）$\delta_c$：137.6（C-1），111.6（C-2），151.0（C-3），147.6（C-4），118.1（C-5），120.0（C-6），89.1（C-7），56.1（C-8），72.1（C-9），133.3（C-1′），111.0（C-2′），150.4（C-3′），149.6（C-4′），113.0（C-5′），119.4（C-6′），83.6（C-7′），51.6（C-8′），71.3（C-9′），103.0（C-1″），75.0（C-2″），78.0（C-3″），71.5（C-4″），68.7（C-5″），62.5（C-6″），57.2（—OMe），56.6（—OMe），56.7（—OMe）。难溶于冷水，可溶于氯仿甲醇混合液、热水、热乙醇、DMSO 等。

## 一、实验目的

1. 掌握重结晶法提纯连翘苷的原理和基本操作。
2. 了解波谱学鉴定连翘苷化学结构的方法。

## 二、实验原理

本实验选择 80％热乙醇超声波辅助提取连翘苷，利用连翘苷在乙醇和水中的溶解度不同，重结晶提纯连翘苷，综合使用 $^1$H-NMR、$^{13}$C-NMR、FAB-MS、UV 谱解析化合物结构。

## 三、实验仪器与药品

**原料**：连翘叶 20g。

**试剂**：乙醇、甲醇、乙酸乙酯、连翘苷标准品、5％香草醛-硫酸显色剂。

**仪器**：超声波提取仪，250mL 烧杯，250mL、50mL 锥形瓶，旋转蒸发仪，循环水真空泵，水浴锅，层析缸，硅胶 GF$_{254}$ 板，喷雾瓶，点样毛细管，铅笔，直尺，玻璃棒。

## 四、实验步骤流程

### 1. 连翘苷的提取

称取连翘叶 20g，粉碎，装入 250mL 锥形瓶内，加 80％热乙醇 150mL，超声提取设置提取功率 300W，室温下提取时间 20min，过滤，滤渣重复提取 3 次，合并滤液，滤液于60℃下减压浓缩，放置，有连翘苷粗晶析出，用乙醇重结晶，可得纯品，计算产率。

### 2. 色谱鉴别

**吸附剂**：硅胶 GF$_{245}$ 薄层板。

**展开剂**：乙酸乙酯-甲醇（19∶1）。

**样品液**：自制连翘苷甲醇溶液（每 1mL 含 1.0mg）。

**对照液**：连翘苷标准品甲醇溶液（每 1mL 含 1.0mg）。

**显色剂**：0.5％香草醛-硫酸显色剂，105℃下加热显出紫色斑点。

**结果**：记录样品斑点和对照样品斑点的颜色和位置，计算 $R_f$。

### 3. 结构鉴定

取自制的连翘苷 10mg，分别用 1.0mL 氘代甲醇溶解，转移至核磁管中，分别测定它们的 $^1$H-NMR、$^{13}$C-NMR、FAB-MS、UV 谱。

实验步骤流程见图 8-3。

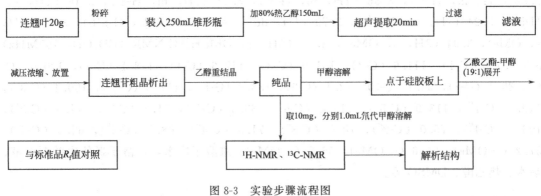

图 8-3　实验步骤流程图

## 五、操作要点

连翘苷可通过重结晶的方法纯化，也可以通过柱色谱法纯化。

## 六、思考题

1. 连翘苷还可以采用哪些方法提取？试分析比较这些方法。
2. 如何分离木脂素苷和木脂素？

## 参考文献

[1] 罗彬，张进忠. 连翘提取物化学成分研究 [J]. 中国实验方剂学杂志，2013，19（3）：143-146.

# 实验十九 苦檀子中鱼藤酮的提取及HPLC定量分析

鱼藤酮（rotenone）是一种杀虫剂，广泛存在于亚洲热带及亚热带区所产豆科鱼藤属植物根皮中，在一些中草药如苦檀子、地瓜子、昆明鸡血藤根中也含有。鱼藤酮适合养殖对虾及其他虾类清塘时使用，因为它对鱼类及其他生物具有大面积的毁灭性，对昆虫尤其是菜粉蝶幼虫、小菜蛾和蚜虫具有强烈的触杀和胃毒作用，进入虫体后可抑制线粒体呼吸链，导致害虫出现呼吸困难和惊厥等呼吸系统障碍，行动迟缓，麻痹而死。其结构式如下所示：

鱼藤酮

鱼藤酮，分子式 $C_{23}H_{22}O_6$，分子量 394.4，几乎不溶于水，溶于乙醇、丙酮、四氯化碳、氯仿、乙醚及许多其他有机溶剂。鱼藤酮在有机溶剂中的溶液是无色的，当其暴露于空气中，则被氧化，变成黄色、橙色，然后变成深红色，并可沉淀出对昆虫有毒的脱氢鱼藤酮和鱼藤二酮结晶。

## 一、实验目的

1. 掌握从苦檀子中提取鱼藤酮的原理及方法。
2. 巩固索氏提取器的安装和使用。
3. 掌握鱼藤酮的定性和定量测定方法。

## 二、实验原理

本实验以 95％乙醇为提取剂，用索氏提取器从苦檀子中连续抽取鱼藤酮，减压浓缩得到粗提取物，采用高效液相色谱（HPLC）法对苦檀子提取物中的鱼藤酮进行分离，并准确定量。

## 三、实验仪器和药品

**原料：**苦檀子 30g。

**试剂：**95％乙醇、沸石、鱼藤酮标准品、丙酮。

**仪器：**索氏提取器（套）、蒸馏装置（套）、沸石、旋转蒸发仪、100mL 量筒、滤纸、250mL 烧瓶、电热套、HPLC 仪。

## 四、实验步骤流程

### 1. 鱼藤酮的粗提

（1）样品准备　先将滤纸做成与索氏提取器相适应的套袋。称取 30g 苦檀子，略加粉碎，装入袋中，上下端封好，装入索氏提取器，在 250mL 的平底烧瓶中加入 80mL 95％乙醇，1～2 粒沸石。

（2）仪器安装　安装索氏提取器，从电热套开始，按从上往下的顺序安装，且圆底烧瓶不能与电热套接触，要有一定的距离，以便采用空气浴均匀加热，实验装置如图 8-4 所示。

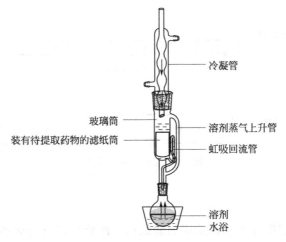

图 8-4　索氏提取装置

（3）连续萃取　索氏提取器安装完毕后，往提取器中倒入 40mL 95％乙醇，装上冷凝管。用电热套加热，溶剂蒸气从导气管上升到冷凝管中，被冷凝成液体后滴入提取器中，萃取出苦楝子中的可溶物，当液面上升到与虹吸管一样的高度时，提取液就从虹吸管流入烧瓶，这为一次虹吸，连续提取 1.5h，苦楝子每次都能被溶剂所萃取，使苦楝子中的可溶性物质富集于烧瓶中，烧瓶中液体颜色变深、提取器中萃取液颜色变浅（通常虹吸发生 5～6次），待提取器中再次发生虹吸，液体流空下去时，立即停止加热。

（4）浓缩　合并索氏提取器和圆底烧瓶中的提取液，减压浓缩得到鱼藤酮粗提物。

**2. 鱼藤酮的定性和定量分析**

样品液：自制鱼藤酮甲醇溶液（每 1mL 含 1.0mg）。

对照品：鱼藤酮标准品甲醇溶液（每 1mL 含 1.0mg）。

色谱柱：ODS 分析柱。

流动相：乙腈-水。

梯度程序：0～30min，20∶80 至 90∶10；30～35min，90∶10 至 100∶0；35～45min，100∶0。

流速：1mL/min。

UV 检测器：$\lambda = 203nm$。

进样量：$5\mu L$。

定性分析：根据鱼藤酮粗提物和标准样的出峰时间（保留时间）进行分析。

定量分析：根据已知浓度标样鱼藤酮的吸收峰面积和样品鱼藤酮吸收峰面积与它们各自的含量成正比的关系测定试样中鱼藤酮的含量，计算公式如下：

$$c_{样} = \frac{S_{样} \times c_{标}}{S_{标}}$$

式中，$S_{标}$ 和 $S_{样}$ 分别表示标样和样品的吸收峰面积；$c_{标}$ 和 $c_{样}$ 分别表示标样和样品的浓度。

实验步骤流程见图 8-5。

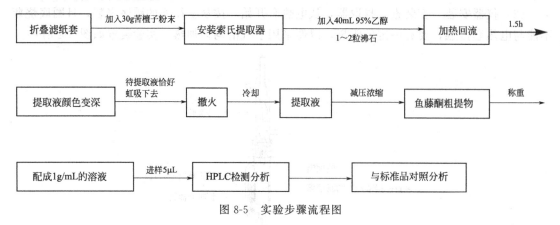

图 8-5　实验步骤流程图

## 五、操作要点

1. 把滤纸做成与提取器大小相适应的滤纸筒，然后把需要提取的样品装入筒内，装入提取器。滤纸筒要紧贴器壁，要方便取放，被提取物高度不能超过虹吸管，否则被提取物不能被充分浸泡，影响提取效果。被提取物亦不能漏出滤纸筒，以免堵塞虹吸管。

2. 提取时烧瓶中需加入沸石。

3. HPLC 泵在工作时要防止溶剂瓶内的流动相被吸干，否则空泵运转会磨损柱塞、缸体或密封环，从而导致漏液。

4. 流动相使用前要先脱气，以免在泵内产生气泡，影响流量的稳定。

5. 不能反向冲色谱柱，只能在生产厂家表明可以反冲的情况下才可以反冲除去残留在柱头上的杂质，否则会使柱效急剧降低。

6. 色谱柱在使用的过程中，如果压力突然升高，一种可能是烧结滤片被堵塞，这时应考虑更换滤片或将其取出清洗；另一种可能是大分子堵塞了柱头；如果柱效降低或者色谱峰变形，则可能是柱头塌陷，死体积增大所致。

## 六、思考题

1. 从苦楝子中提取鱼藤酮还可以采用什么方法，各有什么优缺点？
2. 本实验为什么不选用甲醇或者丙酮而选择乙醇来粗提鱼藤酮？

### 参考文献

[1] 黄继光，徐汉虹，周利娟，等. 非洲山毛豆叶片中鱼藤酮的提取方法 [J]. 华南农业大学学报，2001，22（4）：29-32.

# 9

## 第九章

# 海洋药物

## 实验二十　褐藻多糖的提取与鉴定

　　褐藻多糖的提取原料主要有海藻（如褐藻）和海洋棘皮动物（如海胆、海参等）两大类。褐藻多糖主要由褐藻淀粉、褐藻胶和褐藻糖胶 3 部分组成，其中褐藻胶是褐藻酸及褐藻酸盐衍生物的统称，代表性物质为褐藻酸钠。褐藻糖胶，别称褐藻多糖硫酸酯（FPS），是一种含有大量 L-岩藻糖和硫酸酯基的特殊多糖。褐藻多糖表现出的高生物活性一般源自褐藻糖胶。

A式　　褐藻糖胶　　B式

不同褐藻中的褐藻糖胶的结构也有差异，主要分为两类，一类主要是从昆布（*Laminaria saccharina*）、掌状海带（*L. digitata*）、枝管藻（*Cladosiphon okamuranus*）和蔓藻（*Chorda filum*）中提取的，其中心主链结构为 $\alpha$-L-(1→3)-Fuc（A 式）；另一类是从褐藻（*Ascophyllum nodosum*）和墨角藻属（*Fucus*）中获得的，主要在 C4 位上含有硫酸基，以 $\alpha$（1→2）褐藻糖为主，部分为（1→3）和（1→4）连接的褐藻糖胶（B 式）。

## 一、实验目的

1. 掌握酶法提取褐藻多糖的原理和操作流程。
2. 熟悉硫酸-蒽酮法测定多糖含量的原理及操作流程。

## 二、实验原理

本实验综合利用细胞匀浆和纤维素酶水解，破碎海带细胞壁，释放细胞内容物，如多糖、海藻酸以及蛋白、核酸等；随后通过水提法得到褐藻多糖粗品，并通过 Sevag 法去除游离蛋白、活性炭吸附法去除色素得到纯化的褐藻多糖混合物，通过硫酸-蒽酮法测定多糖含量。

## 三、实验材料与设备

原料：干海带粉末 20g。

试剂：纤维素酶、无水乙醇、丙酮、氯仿、正丁醇、硫酸-蒽酮溶液、活性炭。

仪器：组织匀浆机、水浴锅、离心机、紫外分光光度计、超声提取仪、pH 试纸、25mL 锥形瓶、100mL 容量瓶、100mL 烧杯、15mL 离心管、50mL 烧杯。

## 四、实验步骤

### 1. 褐藻糖胶的粗提

（1）海带溶浆制备　取干海带粉末 20g，将干海带粉末加 50mL 水浸泡过夜，充分溶胀后，加入 20mL 水，放入组织匀浆机中，粉碎成海带浆。

（2）海带破壁　取约 10mL 海带浆，置于 25mL 锥形瓶中，调 pH 值为 4.5～5.0，加入 0.03g 纤维素酶，于 50℃超声提取 1h，促进细胞壁水解。

（3）褐藻糖胶的富集　将上步所得的溶液在水浴条件下缓慢蒸发后，加入 10mL 无水乙醇得到多糖沉淀。离心收集沉淀物，并用丙酮洗涤沉淀物 2～3 次，低温干燥得到多糖沉淀。

### 2. 褐藻糖胶的纯化

（1）除去蛋白质　取一定量的多糖粗提物溶于 4mL 蒸馏水中，加入预先配制的体积比为 4:1 的混合氯仿:正丁醇溶液 1mL，置于 15mL 离心管中，充分振摇 30min 后，经离心机离心 1min，然后将水相与氯仿相分开。将水相再加入其 1/4 体积的氯仿:正丁醇溶液，重复上述过程，共计重复三次。

（2）除去色素　向去蛋白质后的多糖溶液中加入 0.1g 活性炭，并调节 pH 为 3～4，加热煮沸，保持微沸 30～60min 脱色，离心后去除活性炭即得褐藻多糖。

### 3. 粗多糖含量测定

取纯化后的褐藻多糖 0.1～0.5g，溶解并定容至 100mL 水中，取 1mL 滤液，加入 4mL 硫酸-蒽酮试剂，沸水浴中准确加热 10min，取出用自来水冷却，用分光光度计在 620nm 条件下测定吸光度值。将测得的吸光度值与标准曲线对照，得出褐藻多糖的含量。

实验步骤流程见图 9-1。

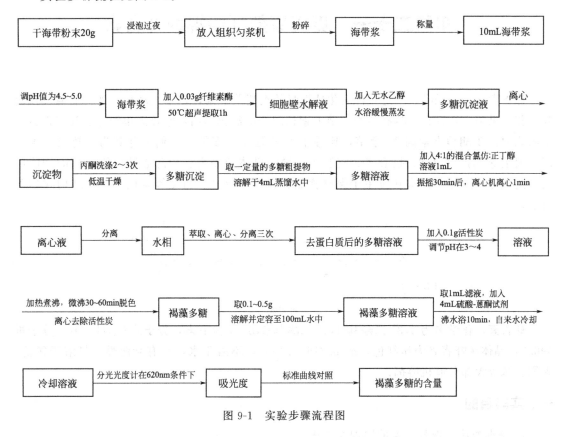

图 9-1　实验步骤流程图

## 五、注意事项

1. Sevag 法较为温和，对多糖的结构影响不大，但效率较低，往往重复 3 次以上才能达到理想效果。

2. 去除色素的过程中，控制反应条件，调节 pH 在 3～4 并保持溶液微沸，使得活性炭吸附条件最佳，减少活性炭对多糖的吸附。

## 六、思考题

1. 谈谈褐藻多糖有哪些生物学功能及其开发前景。
2. 除硫酸-蒽酮法以外，还有哪些方法可用于多糖的定量，并简述其原理。

### 参考文献

[1]　管华诗，夏葶，王成，等. 褐藻多糖、褐藻寡糖及其衍生物在制备吸附大气污染物的吸附剂中的应用：CN201410634852.6 [P]. 2015-03-25.

[2]　李哲，罗静海，杜晓俊，等. 海带褐藻多糖提取方法改进及抗凝血探究 [J]. 江苏农业科学，2010 (4)：297-298.

[3]　刘斌. 中药海藻海蒿子多糖的分离与鉴定及其抗肿瘤活性初步研究 [D]. 中国海洋大学，2005.

# 实验二十一　克氏原螯虾中提取虾青素

虾青素（astaxanthin）是一种氧化性极强的类胡萝卜素，在水生动物，鸟类羽毛及植物叶、花、果中广泛存在，具有与类胡萝卜素相同的抗氧化作用，它猝灭单线态氧和捕捉自由基的能力比 β-胡萝卜素高 10 余倍，比维生素 E 强 100 多倍，人们又称其为"超级维生素E"。虾青素的抗氧化性、抗衰老、抗肿瘤、增强机体免疫力、预防心脑血管疾病的功能已被广泛认可，国际上已将其应用于保健食品、高档化妆品、药品等领域中。其结构式如下所示。

虾青素

虾青素，化学名为 3,3'-二羟基-4,4'-二酮基-$\beta,\beta'$-胡萝卜素，分子式 $C_{40}H_{52}O_4$，分子量 596.9，晶体状虾青素为粉红色，m.p.215～216℃，不溶于水，具有脂溶性，易溶于氯仿、丙酮、苯等大部分有机溶剂。

## 一、实验目的

1. 掌握酶法提取虾青素的原理及方法。
2. 掌握标准曲线的绘制。

## 二、实验原理

本实验利用木瓜蛋白酶将克氏原螯虾虾壳中蛋白质与虾青素结合的共价键水解，将结合型虾青素分解为游离虾青素，然后用有机溶剂萃取出来。

## 三、实验仪器和药品

**原料：**克氏原螯虾虾壳 5g。

**试剂：**木瓜蛋白酶、丙酮、醋酸、醋酸钠。

**仪器：**粉碎机、80 目筛、紫外可见分光光度计、冷冻离心机、旋转蒸发仪、搅拌器、循环水真空泵、恒温振荡器、超声波提取仪、酸度计、水浴锅、电子天平、布氏漏斗、抽滤瓶、滤纸、250mL 烧杯、pH 试纸。移液管、50mL 容量瓶。

## 四、实验步骤流程

### 1. 样品处理

新鲜螯虾沸水煮制 2min 后自然冷却，剥除虾仁和内脏，流水洗净虾头、尾及壳，避光、密封于－20℃备用。试验前用粉碎机粉碎，过 80 目筛备用。

## 2. 酶解工艺

准确称取 5g 粉碎后的虾壳样品，按比例加入 pH 值为 5.5 的醋酸-醋酸钠缓冲溶液 100mL 和 0.5g 木瓜蛋白酶，混合均匀，45℃恒温超声振荡酶解 0.5h（图 9-2），酶解结束后用冰水浴冷却，减压抽滤取滤渣，反复水洗去除矿物质，碾碎后加入丙酮 25mL，然后置于超声波提取仪中超声 10min，摇床恒温振荡 1h，在 10000r/min、4℃下离心 10min。

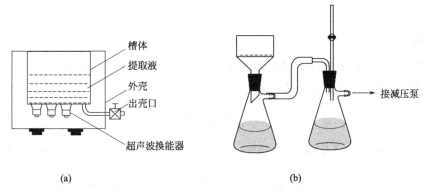

图 9-2 槽式超声提取示意（a）和减压蒸馏装置（b）

### 3. 虾青素提取量的测定

（1）标准曲线的绘制 分别吸取 0.0mL、0.5mL、1.0mL、1.5mL、2.0mL、2.5mL 1.0mg/mL 虾青素标准溶液于比色管中，丙酮定容至 50mL，混合均匀后用紫外分光光度计测定 478nm 波长处的吸光度，以吸光度值为纵坐标，虾青素标准溶液浓度为横坐标，绘制标准曲线。

（2）样品测定 吸取 1.0mL 丙酮溶解液置于比色管中，按照 3.（1）测定吸光度值，根据标准曲线计算虾壳提取液中虾青素含量。

实验步骤流程见图 9-3。

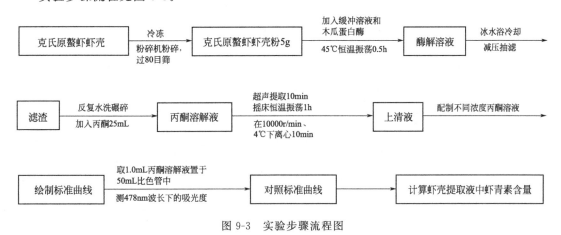

图 9-3 实验步骤流程图

## 五、操作要点

1. 酶添加过少则酶解时间延长，添加过多则造成酶的浪费，考虑到酶制剂的经济成本，选择木瓜蛋白酶，添加量在 10% 左右。

2. 虾青素提取的最适温度为 45℃，低温条件不利于蛋白酶水解糖苷键，高温使酶分子结构发生可逆或不可逆的改变甚至变性，导致虾青素提取量快速下降。

3. 当 pH 值接近 5.0 时，虾青素提取量最大，这主要是因为木瓜蛋白酶为弱酸性酶类，最适 pH 值为 5.0 左右，pH 值小于 4.5 或大于 5.5 时，酶蛋白分子活性中心功能基团的带电状态会发生改变，酶活性降低。

4. 控制酶解时间，酶解的最佳时间为 5h，5h 后底物几乎被全部水解，虾青素不再产生。

## 六、思考题

1. 除了可以从克氏原螯虾中提取虾青素，还可以从哪些物质中提取虾青素？
2. 采用酶法提取虾青素有什么优点？

### 参考文献

[1] 钱飞，刘海英，过世东. 木瓜蛋白酶水解克氏原螯虾虾壳提取虾青素的研究 [J]. 食品与生物技术学报. 2010，29（2）：83-89.

[2] 侯会绒，孙兆远，贡汉坤. 超声波提取克氏原螯虾壳中虾青素 [J]. 食品与发酵工业，2015，41（9）：209-214.

[3] 杨艳. 虾青素抗氧化活性机制研究进展 [J]. 国外医学：卫生学分册，2008，35（4）：231-234.

[4] 姜启兴，夏文水. 影响酶法回收螯虾加工下脚料中虾青素及蛋白质的因素研究 [J]. 食品工业科技，2004（7）：54-56.

# 10

## 第十章

# 天然产物的化学合成和结构修饰

## 实验二十二　阿司匹林的制备

阿司匹林（Aspirin）是应用最早最广的止痛、退热和抗炎药。早在 18 世纪，人们就从柳树皮中提取了水杨酸（Salicylic acid），并发现了它具有解热镇痛和消炎作用，但是它对人的肠胃刺激很大。19 世纪末，人们成功合成了可以替代水杨酸的有效药物乙酰水杨酸，也称阿司匹林。目前，阿司匹林仍然是一个广泛使用的解热止痛药物。

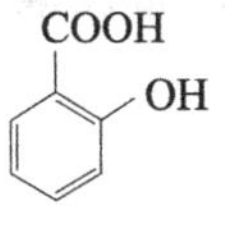

COOH<br>
OH<br>
水杨酸

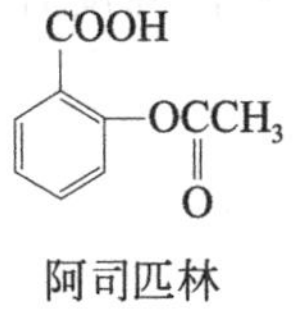

COOH<br>
OCCH$_3$<br>
O<br>
阿司匹林

水杨酸，分子式为 $C_7H_6O_3$，分子量为 138.1，m. p. $158\sim161℃$，b. p. 211℃，76℃ 时升华，白色针状晶体或毛状结晶性粉末，易溶于乙醇、乙醚、氯仿，微溶于水，在沸水中溶解。

阿司匹林，分子式为 $C_9H_8O_4$，分子量为 180.2，m. p. 135℃～140℃，白色针状或板状结晶，易溶于乙醇，可溶于氯仿、乙醚，微溶于水，也溶于较强的碱性溶液，同时分解。

## 一、实验目的

1. 了解阿司匹林的反应原理和实验方法。
2. 掌握酯化反应和重结晶的原理及基本操作。
3. 通过阿司匹林制备实验，初步熟悉有机化合物的分离提纯等方法。

## 二、实验原理

水杨酸分子中含羟基、羧基，具有双官能团。本实验采用强酸硫酸为催化剂，以乙酸酐为乙酰化试剂，与水杨酸的酚羟基发生酰化作用形成酯。反应如下：

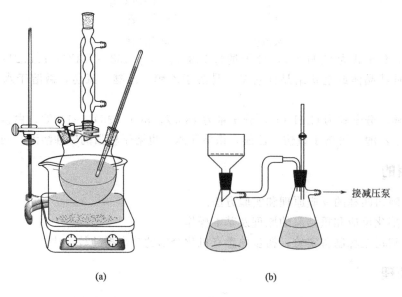

$$\text{COOH, OH} + (CH_3CO)_2O \xrightarrow[\text{水浴85~90℃}]{\text{浓硫酸}} \text{COOH, OCCH}_3 + CH_3COOH$$

副反应有：

乙酰水杨酰水杨酸

水杨酰水杨酸

纯度检验：因有副反应产生，用 $FeCl_3$ 检验，杂质含有未反应的酚羟基，遇 $FeCl_3$ 呈蓝紫色，在产品中加入 $FeCl_3$，颜色未变化则纯度达到要求。

## 三、实验仪器和药品

**试剂：**水杨酸、醋酐、饱和 $NaHCO_3$、4mol/L 盐酸、浓硫酸、冰块、95%乙醇、蒸馏水、1% $FeCl_3$。

**仪器：**150mL 锥形瓶，5mL 移液管，洗耳球，100mL、250mL、500mL 烧杯，100mL 三口烧瓶，平板加热器，橡胶塞，温度计，玻璃棒，布氏漏斗，表面皿，药匙、50mL 量筒，恒温鼓风干燥箱。

接减压泵

(a)                    (b)

图 10-1　回流反应装置（a）和减压抽滤装置（b）

## 四、实验步骤流程

### 1. 水杨酸酯化

（1）在装有球形冷凝器的100mL三口烧瓶中，依次加入水杨酸10g、醋酐14mL、浓硫酸5滴。

（2）安装回流反应装置，见图10-1(a)，开始加热并搅拌，待温度升至70℃时，维持在此温度反应30min。

（3）停止搅拌，稍冷，将反应液倾入150mL冷水中，继续搅拌，至阿司匹林全部析出。

（4）抽滤，用少量稀乙醇洗涤，压干，得粗品。

### 2. 阿司匹林精制

（1）将粗品置于100mL烧杯中，缓慢加入饱和NaHCO₃溶液，产生大量气体，固体大部分溶解。直至无气体产生。

（2）用干净的抽滤瓶抽滤，减压过滤装置见图10-1(b)，5～10mL水洗。将滤液和洗涤液合并转移到100mL烧杯中，缓慢加入15mL 4mol/L的盐酸，边加边搅拌，有大量气泡产生。

（3）用冷水冷却10min后抽滤，2～3mL冷水洗涤几次，抽干，干燥称量。产品纯度检验：取几粒结晶，加5mL水，滴加1% FeCl₃溶液检验纯度。

实验步骤流程见图10-2。

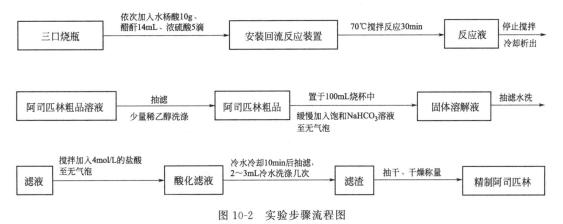

图10-2　实验步骤流程图

## 五、操作要点

1. 水杨酸应当预先干燥，醋酐也应是新蒸的并且纯度较高；取用浓硫酸、醋酐的量筒和反应器也应干燥。

2. 醋酐具有催泪性和腐蚀性，取用时必须戴乳胶手套并在通风橱中进行，不慎沾上时应及时用大量清水冲洗。

3. 反应温度不宜过高，时间也不要太长，否则会增加副产物的生成。

4. 用溶剂重结晶时溶液不宜加热过久，也不宜采用高沸点溶剂，因为乙酰水杨酸容易受热分解。

5. 乙酰水杨酸受热后容易分解，分解温度为128～135℃，熔点较难测定，在测定熔点时，可以先将载体加热到120℃左右后再放入样品测定。

6. 水杨酸原料中可能混有苯酚等杂质，在制备阿司匹林过程中会产生乙酰苯酯和阿司匹林苯酯，它们在碳酸钠溶液中不溶，故应检查阿司匹林在碳酸钠溶液中的不溶性杂质。

7. 在制备过程中，由于反应不完全会带入未反应的水杨酸；在成品储存过程中也会发生酯基的水解而产生水杨酸，这是阿司匹林不稳定变色的主要原因。

## 六、思考题

1. 向反应液中加入少量浓硫酸的目的是什么？
2. 反应容器为什么干燥无水？
3. 本实验有哪些副产物？

## 参考文献

[1] 叶晓镭，韩彬. 阿司匹林制备实验的改进和充实 [J]. 实验科学与技术. 2004，2（4）：92-93.

[2] 段新红. 设计性实验教学模式的新探索：以阿司匹林制备为例 [J]. 化学教育，2016，37（24）：29-32.

[3] 肖佳薇，朱团，潘亮，等. 乙酰水杨酸制备实验的改进 [J]. 科技创新与应用，2013（26）：296.

# 实验二十三　槲皮素的甲基化

　　槲皮素（Quercetin），又名栎精、槲皮黄素，溶于冰醋酸，基本骨架为 2-苯基-1-苯并吡喃酮，是一种黄色粉末状固体或晶体，碱性水溶液呈黄色，几乎不溶于水，乙醇溶液味很苦，可作为药品，具有较好的祛痰、止咳作用，并有一定的平喘作用。此外，还有降低血压、增强毛细血管抵抗力、减少毛细血管脆性、降血脂、扩张冠状动脉，增加冠脉血流量等作用。用于治疗慢性支气管炎，对冠心病及高血压患者也有辅助治疗作用。

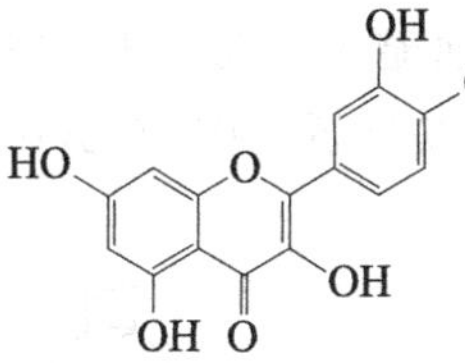

槲皮素 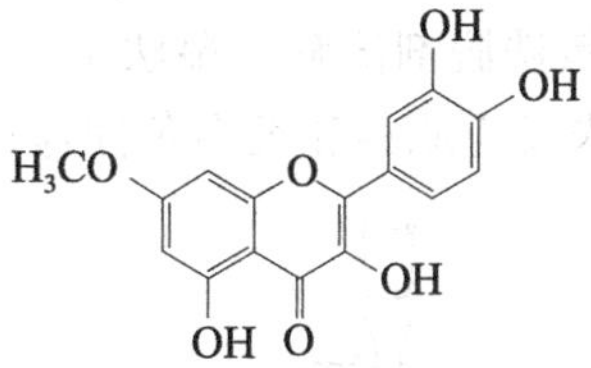　　　　　　　　　　鼠李素

　　槲皮素的 C-7 位甲基化可以半合成 7-O-甲基槲皮素（鼠李素，rhamnetin），鼠李素有抗炎、抗 HIV、抗肿瘤等作用。槲皮素结构中共有 5 个羟基，其中 4 个是酚羟基，另一个是醇羟基，它们的酸性各不相同，反应活性也不相同，采用硼砂保护和甲基化两步连续反应的方法，可成功一步合成 7-O-甲基槲皮素。

## 一、实验目的

　　1. 熟悉槲皮素甲基化反应的反应原理。
　　2. 学会利用薄层色谱方法鉴别物质。

## 二、实验原理

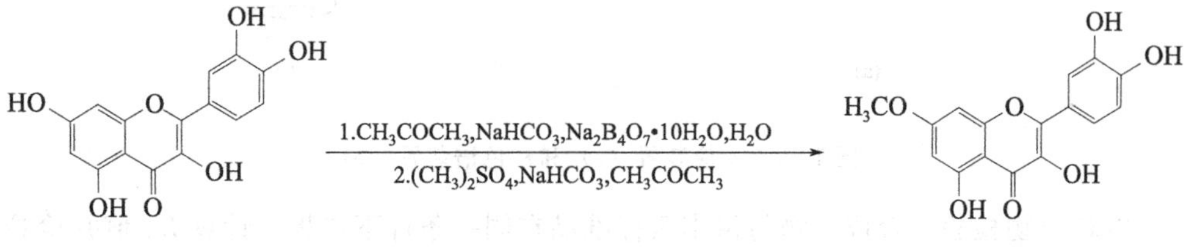

槲皮素　　　　　　　　　　　　　　　　　　　　　　鼠李素

## 三、实验仪器和药品

　　**试剂**：槲皮素、鼠李素、石油醚（60～90℃）、乙酸乙酯、10% HCl、$CH_3COCH_3$、$NaHCO_3$、$Na_2B_4O_7 \cdot 10H_2O$（硼砂）、$(CH_3)_2SO_4$、100～200 目硅胶。

　　**仪器**：搅拌器、铁架台、平板加热器、25mL 三口烧瓶、磁转子、500mL 烧杯、球形冷凝管、温度计、圆底烧瓶、25mL 分液漏斗、布氏漏斗、抽滤瓶、滤纸、循环水真空泵、

1.5cm×40cm 层析柱、加液球、层析缸、硅胶 $GF_{254}$ 板、喷雾瓶、点样毛细管、铅笔、直尺。

## 四、实验步骤流程

1. 取 0.05g（0.165mmol）槲皮素加入 25mL 三口烧瓶中，用 3mL $CH_3COCH_3$ 使其溶解。反应装置见图 10-3(a)。

2. 依次加入 $NaHCO_3$ 5.0mg（0.0595mmol）、$Na_2B_4O_7 \cdot 10H_2O$ 0.015g（0.0419mmol）和 $H_2O$ 6mL，搅拌混匀，70℃搅拌反应 30min。

3. 再依次加入 $(CH_3)_2SO_4$ 0.038g（0.297mmol）、$NaHCO_3$ 0.056g（0.667mmol）和 $CH_3COCH_3$ 8mL，50℃条件下反应 6h。

4. 浓缩。以 10%HCl 调 pH 为 3~4，用乙酸乙酯萃取产物，浓缩至干。

5. 柱层析。少量洗脱剂溶解，湿法上柱，以石油醚：乙酸乙酯（2:1，1:1，1:2）进行梯度洗脱，得未反应原料和类白色固体产物。实验装置见图 10-3(b)。

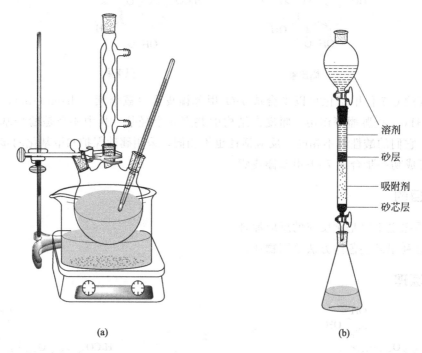

| | |
|---|---|
| (a) | (b) |

图 10-3　反应装置（a）和柱色谱装置（b）

6. TLC 产物检验。合成产物与鼠李素标准品在同一条件下点板，计算 $R_f$ 值并检验。实验步骤流程如图 10-4 所示。

## 五、操作要点

1. 槲皮素完全溶解之后再加入后面的反应物。

2. 注意反应温度和反应顺序，必须先保护羟基再替换，再进行取代还原。

3. 柱层析时注意装柱不要有气泡，否则会影响分析。

4. 旋蒸浓缩时注意温度不要过高，以免物质分解，一般在 45℃左右。

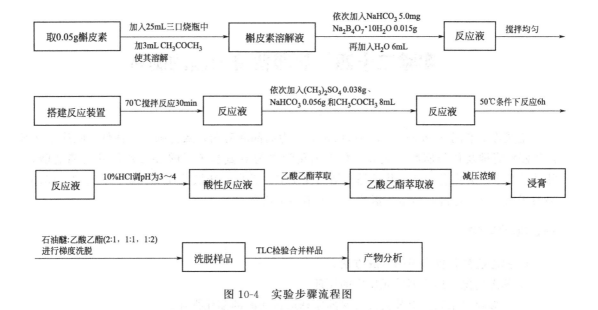

图 10-4　实验步骤流程图

# 六、思考题

1. 加入硼砂的作用是什么？
2. 设计一条半合成 3′-O-甲基槲皮素（异鼠李素）的合成路线。

## 参考文献

［1］方专. 微波辅助选择性脱甲基反应及槲皮素甲基化反应研究［D］. 四川大学，2007.
［2］郭瑞霞，李力更，霍长虹，等. 槲皮素甲基化衍生物的半合成及构效关系［J］. 中草药，2013，44（3）：359-369.

# 实验二十四　盐酸普鲁卡因的制备

　　盐酸普鲁卡因（procaine hydrochloride）为局部麻醉药，效力强、毒性低。临床上主要用于浸润脊椎及传导麻醉。盐酸普鲁卡因化学名为对氨基苯甲酸-2-二乙氨基乙酯盐酸盐。盐酸普鲁卡因为白色细微针状结晶或结晶性粉末，无臭，味微苦而麻。熔点为 $153\sim157\,°C$。易溶于水，溶于乙醇，微溶于氯仿，几乎不溶于乙醚。

## 一、实验目的

　　1. 熟悉盐酸普鲁卡因的合成方法。
　　2. 熟悉酯化、还原等单元反应的原理。
　　3. 掌握利用水和二甲苯共沸脱水的原理进行羧酸的酯化操作。
　　4. 掌握水溶性大的盐类用盐析法进行的操作和精制方法。

## 二、实验原理

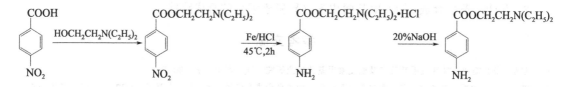

## 三、实验仪器和药品

　　**试剂**：对硝基苯甲酸、2-二乙氨基乙醇、二甲苯、铁粉、食盐、保险粉等。

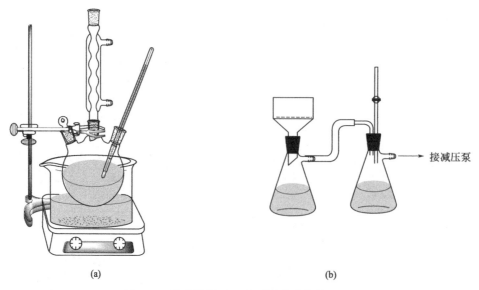

(a)　　　　　　　　　　(b)

图 10-5　反应装置（a）和减压抽滤装置（b）

仪器：搅拌器、电热套恒温水浴锅、油浴锅、125mL 三口烧瓶、磁子、200mL 量筒、150mL 锥形瓶、100mL 圆底烧瓶、温度计、球形冷凝管、分水器、酸度计、旋转蒸发仪、克氏蒸馏头、真空接收管、圆底烧瓶、布氏漏斗、抽滤瓶、循环真空水泵、滤纸。

## 四、实验步骤流程

### 1. 对硝基苯甲酸-2-二乙氨基乙酯（硝基卡因）的制备

在装有温度计、分水器及回流冷凝器的 125mL 三口烧瓶中，加入对硝基苯甲酸 5g、2-二乙氨基乙醇 3.5g、二甲苯 35mL 及沸石，油浴加热至回流（注意控制温度，油浴温度约为 180℃，内温约为 145℃），共沸带水 3h。撤去油浴，稍冷，将反应液倒入 150mL 锥形瓶中，放置冷却，析出固体。将上清液用倾泻法转移至减压蒸馏烧瓶中，减压蒸发除去二甲苯得滤液。反应装置和抽滤装置见图 10-5。

### 2. 对氨基苯甲酸-β-二乙氨基乙酯（普鲁卡因）的制备

将上步得到的滤液转移至装有搅拌器、温度计的 125mL 三口烧瓶中，搅拌下用 20%氢氧化钠调 pH 至 4.0～4.2。充分搅拌下，于 25℃分次加入经活化的铁粉，反应温度自动上升，注意控制温度不超过 70℃（必要时可冷却），待铁粉加入完毕，于 40～45℃保温反应 2h。抽滤，滤渣以少量水洗涤两次，滤液以稀盐酸酸化至 pH 为 5。滴加饱和硫化钠溶液调 pH 至 7.8～8.0，沉淀反应液中的铁盐，抽滤，滤渣以少量水洗涤两次，滤液用稀盐酸酸化至 pH 为 6。加少量活性炭，于 50～60℃保温反应 10min，抽滤，滤渣用少量水洗涤一次，将滤液冷却至 10℃以下，用 20%氢氧化钠碱化至普鲁卡因全部析出（pH9.5～10.5），过滤，得普鲁卡因。

实验步骤流程见图 10-6。

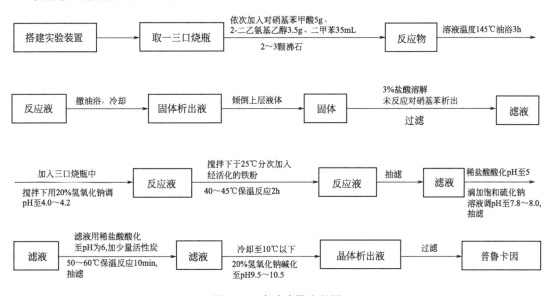

图 10-6　实验步骤流程图

## 五、操作要点

1. 羧酸和醇之间的酯化反应是一个可逆反应。反应达到平衡时，生成酯的量比较少（约 45%），为使平衡向右移动，需向反应体系中不断加入反应原料或不断除去生成物。本反应利用二甲苯和水形成共沸混合物的原理，将生成的水不断除去，从而打破平衡，使酯化反应趋于完全。由于水的存在会对反应产生不利影响，故实验中使用的药品和仪器应事先干燥。

2. 将分水反应时间定为 3h，若延长反应时间，收率尚可提高。

3. 也可不经放冷，直接蒸发除去二甲苯，但蒸馏至后期，固体增多，毛细管堵塞操作不方便，回收的二甲苯可以重复使用。

## 六、思考题

1. 酯化反应中，为何加入二甲苯作溶剂？

2. 酯化反应结束后，放冷除去的固体是什么？为什么要除去？

## 参考文献

[1] 金英学，谭广慧，李淑英. 药物合成反应实验 [M]. 北京：化学工业出版社. 2014.

[2] 刘冰，蔡小华. 盐酸普鲁卡因实验合成条件的改革 [J]. 中国中医药现代远程教育，2010，8 (20)：179-180.

# 附　录

## 附录一　常用显色剂的配制及使用

### 一、通用显色剂

**1. 碘**

**适用范围**：含杂原子、双键、三键、芳环以及多醇等大多数一般有机物。

**配制方法**：

（1）在 100mL 广口瓶中放入一张滤纸，少许碘粒。

（2）在瓶中加入 10g 碘粒，30g 硅胶。

（3）0.5%碘的氯仿溶液。

**使用方法**：在一个密闭的玻璃缸或瓶内预先放入碘晶体，使缸或瓶内空气被碘蒸气饱和，将薄层板或纸层放入缸内数分钟即可显色，化合物遇碘蒸气能显黄或黄棕色斑点。有时在缸内放一盛水的小杯，增加缸内的湿度，可以提高显色的灵敏度。或者使用碘的氯仿溶液喷洒薄层板，化合物显黄棕色；挥发过量的碘，再喷 1%淀粉水溶液，斑点转成蓝色。

**2. 硫酸**

**适用范围**：通用。

**配制方法**：

（1）浓硫酸与甲醇等体积小心混合。

（2）15%浓硫酸的正丁醇溶液。

（3）5%浓硫酸的乙酸酐溶液。

（4）5%浓硫酸的乙醇溶液。

（5）浓硫酸与乙酸等体积混合。

（6）香草醛（香兰素）硫酸溶液配制方法：15g 香草醛＋250mL 乙醇＋2.5mL 浓硫酸。

（7）茴香醛（对甲氧基苯甲醛）硫酸溶液配制方法：135 乙醇＋5mL 浓硫酸＋1.5mL 冰醋酸＋3.7mL 茴香醛，剧烈搅拌，混合均匀。

**使用方法**：用以上任一溶液喷洒薄层板后，于 110℃烘烤 2～3min，不同类的成分显不同颜色。

### 3. 重铬酸钾-硫酸试剂

**适用范围**：通用。

**配制方法**：重铬酸钾 5g 溶于 100mL 40％硫酸中。

**使用方法**：薄层色谱喷洒后，于 150℃烘烤 2～3min，不同的成分显不同颜色。

### 4. 高锰酸钾-硫酸试剂

**适用范围**：含有不饱和键的还原性物质。

**配制方法**：高锰酸钾 0.5g 溶于 15mL 40％硫酸中。

**使用方法**：薄层色谱喷洒后，在淡红色背景上显黄色斑点。

### 5. 四唑兰试剂

**适用范围**：含有不饱和键的还原性物质。

**配制方法**：

溶液Ⅰ：0.5％四唑兰甲醇溶液。

溶液Ⅱ：6mol/L 氢氧化钠溶液。

临用前将溶液Ⅰ和溶液Ⅱ等量混合。

**使用方法**：薄层色谱喷洒，室温或微加热显色。

### 6. 磷钼酸试剂

**适用范围**：通用。

**配制方法**：10g 磷钼酸溶于 100mL 乙醇。

**使用方法**：薄层色谱喷洒，于 110℃烘烤 2～3min，还原性物质、蛋白质、木质素、三萜类成分显色（蓝色为主），二氢黄酮可与磷钼酸试剂反应呈棕褐色；作为沉淀试剂，与生物碱反应生成白色或淡黄色沉淀。

### 7. 铁氰化钾-三氯化铁试剂

**适用范围**：酚类、芳香胺类及还原性物质。

**配制方法**：

溶液Ⅰ：1％铁氰化钾溶液。

溶液Ⅱ：2％三氯化铁溶液。

临用前将溶液Ⅰ和溶液Ⅱ等量混合。

**使用方法**：薄层色谱喷洒，酚类物质显蓝色斑点，再喷，2mol/L 盐酸溶液，使颜色加深。

### 8. 荧光显色液

**适用范围**：通用。

**配制方法**：

(1) 0.25％的罗丹明 B 乙醇溶液。

(2) 0.01％的荧光素乙醇溶液。

(3) 0.1％的桑色素乙醇溶液。

**使用方法**：用以上任一溶液喷薄层板后，在荧光背景下可能显黑色或其他荧光斑点。

### 9. 紫外灯

**适用范围**：含共轭基团的化合物、芳香化合物。

**使用方法**：薄层色谱展开后，紫外灯下显色。

## 二、糖类显色剂

**1. α-萘酚-硫酸试剂**（Molish 反应）

**适用范围**：各种糖、糖苷。

**配制方法**：15% α-萘酚乙醇溶液 21mL，浓硫酸 13mL，乙醇 87mL 及水 8mL 混合后使用。

**使用方法**：薄层色谱喷洒，于 110℃ 烤 3~6min，多数糖呈蓝色，鼠李糖呈橙色。

**2. 苯胺-邻苯二甲酸试剂**

**适用范围**：还原糖。

**配制方法**：苯胺 0.93g，邻苯二甲酸 1.66g，溶于水饱和的正丁醇 100mL 中。

**使用方法**：薄层色谱喷洒，于 105~110℃ 烤 10min，还原糖显红棕色。

**3. 斐林试剂**（Fehling 试剂）

**适用范围**：还原糖。

**配制方法**：

溶液 I：结晶硫酸铜 6.23g，加水至 100mL。

溶液 II：酒石酸钾钠 34.6g 及氢氧化钠 10g，加水至 100mL。

临用前将溶液 I 和溶液 II 等量混合。

**使用方法**：沉淀试剂，在加热条件下，反应液的颜色可能经由蓝色→绿色→黄色→红色沉淀的逐渐变化，反应较快时，直接观察到红色的氧化亚铜沉淀。

**4. 硝酸银氨溶液**（Tollen 试剂）

**适用范围**：还原糖。

**配制方法**：在盛有氢氧化钠的试管中，加入 1mL 2% 的硝酸银溶液，一边振荡试管，直至看到白色沉淀；再一边逐滴加入 2% 的稀氨水，直到最初产生的沉淀恰好溶解为止，即得到银氨溶液，用前新鲜配制。

**使用方法**：为沉淀试剂，发生银镜反应。

**5. 百里酚硫酸试剂**

**适用范围**：糖类。

**配制方法**：百里酚 0.5g 及浓硫酸 5mL 溶于 95mL 乙醇。

**使用方法**：薄层色谱喷洒，于 120℃ 烤 15~20min，多数糖在灰白色背景上显暗红色，继续加热则变成浅紫色。

## 三、生物碱显色剂

**1. 改良碘化铋钾试剂**（Dragendorff 试剂）

**适用范围**：生物碱和某些含氮化合物，显橙红色；内酯类化合物呈假阳性。

**配制方法**：7.3g 碘化铋钾，冰醋酸 10mL，加蒸馏水 60mL。

**使用方法**：薄层色谱喷洒显色，也可作为沉淀试剂。

**2. 碘化汞钾试剂**（Mayer 试剂）

**适用范围**：生物碱生成类白色沉淀，若加过量试剂，沉淀又被溶解；内酯类化合物呈假阳性。

**配制方法**：13.55g 氯化汞和 49.8g 碘化钾分别溶解于 20mL 水，混合后稀释至

1000mL。取上述溶液 10mL，加入 1mL 17％盐酸混合即得。

使用方法：薄层色谱喷洒，日光和荧光灯下显色；也可作为沉淀试剂。

**3. 碘-碘化钾试剂**（Wagner 试剂）

**适用范围：**生物碱。

**配制方法：**1g 碘，10g 碘化钾，加入 50mL 蒸馏水加热溶解，加入 2mL 冰醋酸，用水稀释到 100mL。

**使用方法：**薄层色谱喷洒，生物碱显棕褐色沉淀。

**4. 硅钨酸试剂**（Bertrand 试剂）

**适用范围：**生物碱。

**配制方法：**5g 硅钨酸溶于 100mL 水中，加 10％盐酸调至 pH＝2 左右。

**使用方法：**沉淀试剂，生物碱产生灰白色或浅黄色沉淀。

**5. 硫酸铈-硫酸试剂**（改良 Sonnenschein 试剂）

**适用范围：**生物碱。

**配制方法：**0.1g 硫酸铈溶于 4mL 水，加入 1g 三氯乙酸，加热至沸，加入浓硫酸至澄清。

**使用方法：**薄层色谱喷洒，于 110℃烘烤 2～3min，不同生物碱显不同颜色。

**6. 苦味酸试剂**（Hager 试剂）

**适用范围：**生物碱。

**配制方法：**1g 苦味酸溶于 100mL 水中。

**使用方法：**沉淀试剂，生物碱产生黄色沉淀或结晶。

**7. 钒酸铵-浓硫酸试剂**（Mandelin 试剂）

**适用范围：**生物碱。

**配制方法：**1％钒酸铵的浓硫酸溶液。

**使用方法：**薄层色谱喷洒，不同生物碱显不同颜色，阿托品显红色；奎宁显淡橙色；吗啡显蓝紫色；可待因显蓝色；士的宁显蓝紫色到红色。

**8. 钼酸-硫酸试剂**（Frohde 试剂）

**适用范围：**阿片类生物碱。

**配制方法：**1％钼酸钠或 5％钼酸铵的浓硫酸溶液。

**使用方法：**薄层色谱喷洒，不同生物碱显不同颜色，乌头碱显黄棕色；吗啡显紫色转棕色；可待因显暗绿色至淡黄色。

**9. 硫酸-甲醛试剂**（Marquis 试剂）

**适用范围：**阿片类生物碱。

**配制方法：**0.2mL 30％甲醛溶液与 10mL 浓硫酸的混合液。

**使用方法：**薄层色谱喷洒，不同生物碱显不同颜色，吗啡显橙色至紫色；可卡因显洋红色至黄棕色；古柯碱和咖啡碱不显色。

**10. 对二甲氨基苯甲醛试剂**（Ehrlich 试剂）

**适用范围：**吲哚类生物碱。

**配制方法：**1g 对二甲氨基苯甲醛溶于 100mL 乙醇。

**使用方法：**薄层色谱喷洒，不同生物碱显不同颜色。

**11. 没食子酸反应**（Labat 反应）

**适用范围：**具有亚甲二氧基结构的生物碱。

配制方法：5%没食子酸的乙醇溶液。

使用方法：薄层色谱喷洒，具有亚甲二氧基结构的生物碱呈翠绿色。

**12. 硝基醌反应**（Vitali 反应）

**适用范围**：含有苄氢的生物碱。

**使用方法**：试管内反应，样品经发烟硝酸加热处理，再加氢氧化钾的乙醇溶液。有苄氢存在的生物碱，例如莨菪生物碱，呈深紫色→转暗红色→色消的颜色改变。

## 四、黄酮类显色剂

黄酮类成分在紫外灯下大多显不同颜色，显色反应主要是利用分子中的基本母核及其所含的酚羟基的性质。

**1. 盐酸-镁粉反应**（最常用的反应）

**适用范围**：黄酮（醇）、二氢黄酮（醇）。

**使用方法**：将样品在试管中溶于 1.0mL 甲醇或乙醇，加入少许镁粉（或锌粉），振摇，滴加几滴浓盐酸，1～2min 内（必要时微热）即可显色。

**颜色反应**：试管内显色，黄酮（醇）、二氢黄酮（醇）显红到紫色，助色团—OH、—$OCH_3$ 可使颜色加深；查耳酮、橙酮、儿茶素、多数异黄酮不显色；排除花色素假阳性，应先加盐酸不显色，再加镁粉。

**2. 钠汞齐反应**

**适用范围**：（二氢）黄酮、（二氢）异黄酮、（二氢）黄酮醇。

**使用方法**：样品溶于乙醇，加入钠汞齐，放置或加热，过滤，滤液用盐酸酸化。

**颜色反应**：试管内显色，（二氢）黄酮、（二氢）异黄酮显红色，黄酮醇显黄到淡红色，二氢酮醇显棕黄色。

**3. 四氢硼钠（钾）反应**

**适用范围**：二氢黄酮类专属。

**使用方法**：在试管中加入 0.1mL 含有样品的乙醇液，再加等量 2% 硼氢化钠的甲醇液，1min 后，加浓盐酸或浓硫酸数滴。

**颜色反应**：试管内显色，二氢黄酮类显紫到紫红色，其他黄酮类不显色。

**4. 铝盐**

**适用范围**：具有酚羟基的黄酮类化合物。

**配制方法**：1% 氯化铝溶液。

**颜色反应**：薄层色谱喷洒或试管内显色，紫外灯 $\lambda_{max} = 415$nm 下呈亮黄色荧光，4'-羟基黄酮醇或 7,4'-二羟基黄酮醇显天蓝色荧光。

**5. 锆盐**

**适用范围**：具有 3-OH 或 5-OH 的黄酮类化合物。

**配制方法**：2%二氯氧锆的甲醇溶液和 2%枸橼酸的甲醇溶液等体积混合。

**颜色反应**：薄层色谱喷洒或试管内显色，加入二氯氧锆显黄色，黄色不褪，则说明有 3-OH 黄酮或 3-OH、5-OH 黄酮；若黄色减褪，加水稀释后甚至变为无色，则表示含 5-OH 黄酮，无 3-OH 黄酮。

**6. 氯化锶**

**适用范围**：具有邻二酚羟基结构的黄酮类化合物。

配制方法：0.01mol/L 氯化锶的甲醇溶液和被氨气饱和的甲醇溶液等体积混合。

颜色反应：薄层色谱喷洒或试管内显色，显绿色至棕色乃至黑色。

**7. 五氯化锑**

适用范围：查耳酮类。

配制方法：五氯化锑的氯仿或四氯化碳溶液（1∶4），用前新鲜配制。

颜色反应：薄层色谱喷洒显红或紫红色，或作为沉淀试剂，生成红或紫红色沉淀。

**8. 醋酸镁**

适用范围：具有酚羟基的黄酮类化合物。

配制方法：1%醋酸镁的甲醇溶液。

颜色反应：薄层色谱喷洒，紫外灯下观察，二氢黄酮、二氢黄酮醇类为天蓝色荧光，若有 5-OH 黄酮，则色泽更明显，而黄酮、黄酮醇和异黄酮类等显黄或橙黄或褐色。

**9. 硼酸显色反应**

适用范围：5-羟基黄酮、2′-羟基查耳酮类。

使用方法：硼酸丙酮溶液，再加入（或喷洒）草酸溶液或 10%枸橼酸丙酮溶液。

颜色反应：薄层色谱喷洒或试管内显色，一般在草酸存在下显黄色并具有绿色荧光，但在枸橼酸丙酮存在的条件下，则只显黄色而无荧光。

**10. 碱性试剂**

适用范围：5-羟基黄酮、2′-羟基查耳酮类。

配制方法：氨水，10%氢氧化钠（或 10%氢氧化钾），1%或 5%碳酸钠。

颜色反应：二氢黄酮类易在碱液中开环，转变成相应的异构体查耳酮类化合物，显橙色至黄色；黄酮醇类在碱液中先呈黄色，通入空气后变为棕色，据此可与其他黄酮类区别；黄酮类化合物的分子中有邻二酚羟基取代或 3,4′-二羟基取代时，在碱液中不稳定，易被氧化，出现黄色或深红色或绿棕色沉淀。

## 五、三萜、甾体及其皂苷显色剂

**1. 香草醛-浓硫酸试剂**

适用范围：三萜、甾体、高级醇、酚等。

配制方法：15g 香草醛＋250mL 乙醇＋2.5mL 浓硫酸。

使用方法：薄层色谱喷洒，于 110℃烤 2～3min，不同类的成分显不同颜色。

**2. 醋酐-浓硫酸**（Liebermann-Burchard 反应）

适用范围：三萜、甾体及其皂苷。

配制方法：样品溶于 0.5mL 醋酐中，加入一滴浓硫酸。

使用方法：试管内显色，呈黄→红→蓝→紫→绿等颜色变化，最后褪色。此反应三萜皂苷呈红或紫色，甾体皂苷最终呈蓝绿色。

**3. 五氯化锑**（Kahlenberg 反应）

适用范围：三萜、甾体及其皂苷。

配制方法：五氯化锑的氯仿或四氯化碳溶液（1∶4），用前新鲜配制。

使用方法：薄层色谱喷洒，于 110℃烤 2～3min，出现斑点；或试管内加入显色剂，显蓝色、灰蓝色或灰紫色。

**4. 三氯乙酸**（Rosen-Heimer 反应）

**适用范围**：三萜、甾体及其皂苷。

**配制方法**：25％三氯乙酸与乙酸 1∶1 混合。

**使用方法**：将含皂苷样品的三氯甲烷溶液滴在滤纸上，加三氯乙酸溶液一滴，加热生成红色，渐变为紫色。在同样条件下，甾体皂苷加热至 60℃ 显色，三萜皂苷必须加热至 100℃ 才能显色，也由红色渐变为紫色，可用于纸色谱。

**5. 三氯甲烷-浓硫酸**（Salkowski 反应）

**适用范围**：三萜、甾体及其皂苷。

**使用方法**：样品溶于 1mL 三氯甲烷后加入 1mL 浓硫酸。

**颜色反应**：试管内反应，三氯甲烷层呈现红色或蓝色，硫酸层有绿色的荧光。

**6. 冰醋酸-乙酰氯**（Tschugaeff 反应）

**适用范围**：三萜、甾体及其皂苷。

**使用方法**：1mL 冰醋酸中加入 5 滴乙酰氯和数粒氯化锌，稍稍加热。

**颜色反应**：薄层色谱喷洒，呈淡红色或紫红色。

## 六、强心苷类

强心苷的颜色反应可由甾体母核、C-17 位上不饱和内酯环和 $\alpha$-去氧糖产生。甾体母核的颜色反应可参考"五、三萜、甾体及其皂苷显色剂"。

**1. 亚硝酰铁氰化钠**（Legal 反应）

**适用范围**：强心苷（针对 C-17 位上不饱和内酯环）。

**配制方法**：取 1g 亚硝酰铁氰化钠，溶于 2mol/L 氢氧化钠（50mL）与乙醇（50mL）混合液中。

**使用方法**：薄层色谱喷洒，呈红或紫红色。

**2. 间二硝基苯试剂**（Raymond 反应）

**适用范围**：强心苷（针对 C-17 位上不饱和内酯环）。

**配制方法**：

溶液Ⅰ：2％间二硝基苯的乙醇溶液。

溶液Ⅱ：14％氢氧化钾的乙醇溶液。

临用前将溶液Ⅰ和溶液Ⅱ等量混合，需新鲜配制。

**使用方法**：薄层色谱喷洒，呈紫红或蓝色。

**3. Kedde 反应**

**适用范围**：强心苷（针对 C-17 位上不饱和内酯环）。

**配制方法**：2％ 3,5-二硝基苯甲酸的甲醇溶液与 2mol/L 氢氧化钾甲醇溶液或 5％氢氧化钠乙醇溶液，用前等量混合。

**使用方法**：薄层色谱喷洒，显紫红色，几分钟后褪色。

**4. Baljet 反应**

**适用范围**：强心苷（针对 C-17 位上不饱和内酯环）。

**配制方法**：0.9g 苦味酸溶于 25mL 甲醇，加入 2.5mL 1％氢氧化钠溶液，用蒸馏水稀释至 50mL。

**使用方法**：薄层色谱喷洒，显橙或橙红色。

### 5. Keller-Kiliani 反应

**适用范围**：强心苷（针对 α-去氧糖）。

**配制方法**：0.5g 三氯化铁加入 100mL 冰醋酸中混匀。

**使用方法**：样品 1mg 加入 2mL 显色剂，沿试管壁滴入浓硫酸 2mL，接触面醋酸层渐呈蓝色或蓝绿色。

### 6. 对二甲氨基苯甲醛反应

**适用范围**：强心苷（针对 α-去氧糖）。

**配制方法**：1％对二甲氨基苯甲醛乙醇溶液：浓盐酸＝4：1，混匀。

**使用方法**：薄层色谱喷洒，显灰红色。

### 7. 占吨氢醇反应

**适用范围**：强心苷（针对 α-去氧糖）。

**配制方法**：10mg 占吨氢醇溶于 100mL 冰醋酸（含 1％的盐酸），加入 1mL 浓硫酸。

**使用方法**：于样品试管中加入显色剂，水浴 3min，显红色。

### 8. 过碘酸-对硝基苯胺反应

**适用范围**：强心苷（针对 α-去氧糖）。

**使用方法**：薄层色谱喷洒过碘酸钠水溶液，再喷对硝基苯胺溶液，则迅速在灰黄色背底上出现深黄色斑点，置紫外灯下观察则为棕色背底上出现黄色荧光斑点。再喷以 5％氢氧化钠甲醇溶液，斑点转为绿色。

## 七、醌类显色剂

### 1. Feigl 反应

**适用范围**：所有醌类。

**使用方法**：样品的水或苯溶液 1 滴，加入 25％ $Na_2CO_3$ 水溶液、4％HCHO 及 5％邻二硝基苯的苯溶液各 1 滴，混合后置水浴上加热 1～4min。

**颜色反应**：试管内显色，生成紫色化合物。

### 2. 无色亚甲基蓝显色

**适用范围**：苯醌类及萘醌类。

**使用方法**：100mg 亚甲基蓝溶于 100mL 乙醇中，加入 1mL 冰醋酸及 1g 锌粉，缓缓振摇直至蓝色消失。

**颜色反应**：薄层色谱喷洒，在白色背景上作为蓝色斑点出现，可借此与蒽醌类化合物相区别。

### 3. 碱液反应（Bornträger's 反应）

**适用范围**：羟基蒽醌类。

**使用方法**：样品约 0.1g，加 10％硫酸水溶液 5mL，置水浴上加热 2～10min，冷却后加 2mL 乙醚振摇，静置后分取醚层溶液，加入 1mL 5％氢氧化钠水溶液，振摇。

**颜色反应**：试管中发生颜色改变，醚层则由黄色褪为无色，而水层显多呈橙、红、紫红色及蓝色。

### 4. 活性次甲基试剂反应（Kesting-Craven 法）

**适用范围**：苯醌及萘醌类（环上有未被取代的位置）。

**使用方法**：在氨碱性条件下与一些含有活性次甲基的试剂（如乙酰醋酸酯、丙二酸酯、丙二腈等）的醇溶液反应。

**颜色反应**：试管中发生颜色改变，苯醌及萘醌类生成蓝绿色或蓝紫色，蒽醌类不显色。

### 5. 醋酸镁

**适用范围**：含有 $\alpha$-酚羟基、邻二酚羟基的蒽醌类。

**使用方法**：样品的醇溶液滴在滤纸上，干燥后喷以 0.5% 的醋酸镁甲醇溶液，于 90℃ 加热 5 分钟即可显色。

**颜色反应**：呈橙黄、橙红、紫、红紫、蓝色，可用于羟基取代位置的鉴别。

## 八、苯丙素类显色剂

### 1. 异羟肟酸铁反应

**适用范围**：香豆素、内酯类。

**使用方法**：取样品的乙醇溶液 1mL，加新鲜的 1mol/L 盐酸羟氨甲醇溶液 0.5mL、6mol/L 氢氧化钾甲醇溶液 0.2mL，加热至沸，冷后加 5% 盐酸酸化，最后加 1% 三氯化铁溶液 1~2 滴，显色。

**颜色反应**：试管中发生颜色改变，显紫红色。

### 2. 重氮化试剂

**适用范围**：香豆素、酚类、芳香胺类化合物。

**配制方法**：

溶液Ⅰ：对硝基苯胺 0.35g，溶于浓盐酸 5mL 中，加水至 50mL。

溶液Ⅱ：亚硝酸钠 5g，加水 50mL。

取溶液Ⅰ、Ⅱ等量在冰水浴中混合后使用。

**使用方法**：薄层色谱喷洒，显黄、橙、红、棕、紫等颜色。

### 3. 4-氨基安替比林-铁氰化钾（Emerson 反应）

**适用范围**：香豆素、酚类化合物。

**配制方法**：

溶液Ⅰ：2%4-氨基安替比林乙醇溶液。

溶液Ⅱ：8%铁氰化钾水溶液。

薄层色谱喷洒，使用时先喷溶液Ⅰ，后喷溶液Ⅱ，最后用氨熏或放入装有 25% 氢氧化铵的密闭缸中，显橙红至深红色。

## 九、酚类显色剂

### 1. 三氯化铁试剂

**适用范围**：酚类及羟肟酸。

**配制方法**：1%~5% 三氯化铁的水溶液或乙醇溶液。

**使用方法**：薄层色谱喷洒，呈蓝色或绿色斑点，羟肟酸呈棕红色斑点。

### 2. 氯化钠明胶试剂

**适用范围**：鞣质。

**配制方法**：取明胶 1g 溶于 50mL 水中，然后加入 1.0g 氯化钠，加水稀释至 100mL 即得。保质期 2~3 个月（10℃）。

**使用方法：**沉淀试剂，样品水溶液 1mL，加氯化钠明胺溶液 2～3 滴，即生成白色沉淀。

**3. 对氨基苯磺酸重氮盐**（Pauly 试剂）

**适用范围：**酚类、胺类和能偶合的杂环化合物。

**配制方法：**4.5g 对氨基苯磺酸溶于 45mL 温热的 12mol/L 盐酸中，用水稀释至 500mL，取 10mL 于冰中冷却，加 10mL 4.5％亚硝酸钠冷溶液，于 0℃放置 15min。临用前加等体积 10％碳酸钠水溶液。

**颜色反应：**试管内反应，显黄、橙、红、棕紫等颜色。

**4. 快速蓝盐-B**（Fast Blue Salt B 试剂）

**适用范围：**酚类、胺类。

**配制方法：**

溶液Ⅰ：0.5％快速蓝盐-B 水溶液。

溶液Ⅱ：0.1mol/L 氢氧化钠溶液。

**使用方法：**薄层色谱喷洒，用时先喷溶液Ⅰ，再喷溶液Ⅱ，可见光下显红色。

**5. 福林试剂**（Folin Ciocalteu 试剂）

**适用范围：**酚类。

**配制方法：**钨酸钠 10g 和钼酸钠 2.5g 溶于 70mL 水中，再缓缓加 85％磷酸 5mL 和浓盐酸 10mL，将混合液回流煮沸 10h，然后加硫酸锂 15g，水 5mL 及溴 1 滴，再回流煮沸 15min，所得溶液冷却后移入 100mL 容量瓶中并用水稀释到刻度（贮备液），溶液应不显绿色。

溶液Ⅰ：20％碳酸钠溶液。

溶液Ⅱ：上述贮备液 1 份用水三份稀释。

**使用方法：**薄层色谱先喷溶液Ⅰ，稍干，再喷溶液Ⅱ，即可显色。

## 十、有机酸显色剂

**1. 溴酚蓝指示剂**

**适用范围：**有机酸。

**配制方法：**0.04％溴酚蓝乙醇溶液，用 0.1mol/L 氢氧化钠溶液调至微碱性。

**使用方法：**薄层色谱喷洒，显黄色。

**2. 溴甲酚紫-柠檬酸试剂**

**适用范围：**有机酸。

**配制方法：**溴甲酚紫 25mg 及柠檬酸 100mg 溶于 100mL 丙酮：水（9：1）混合液。

**使用方法：**薄层色谱喷洒，于 110℃烤 10min，即显色。

## 十一、挥发油显色剂

酯和内酯可用异羟肟酸铁试剂检测；酚性物质可用三氯化铁试剂和 4-氨基安替比林-铁氰化钾检测；有机酸可用溴酚蓝指示剂检测。

**1. 茴香醛-浓硫酸试剂**

**适用范围：**萜类和各类挥发性成分。

**配制方法：**浓硫酸 1mL 加到冰醋酸 50mL 中，冷后加茴香醛 0.5mL，必须临用时配制。

使用方法：薄层色谱喷洒，于150℃烤，挥发油中各成分显不同颜色。

**2. 荧光素-溴试剂**

**适用范围**：含乙烯基的化合物。

**配制方法**：

溶液Ⅰ：0.1%萤光素乙醇溶液。

溶液Ⅱ：5%溴的$CCl_4$溶液。

**使用方法**：薄层色谱喷洒溶液Ⅰ以后，放置溶液Ⅱ的缸内，可在紫外灯下检查荧光，荧光素与溴化合成曙红（无荧光），而不饱和化合物则与溴加成，保留了原来的荧光；若点样量较多，则成黄色斑点，底板成红色。

**3. 碘化钾-冰乙酸-淀粉试剂**

**适用范围**：过氧化物。

**配制方法**：

溶液Ⅰ：4%碘化钾溶液10mL与冰乙酸40mL混合，再加锌粉一小匙过滤。

溶液Ⅱ：新鲜配制的1%淀粉溶液。

**使用方法**：薄层色谱先喷溶液Ⅰ，5min后大量喷溶液Ⅱ，直喷到薄层透明为止，过氧化物显蓝色斑点。

**4. 对二甲氨基苯甲醛试剂**

**适用范围**：薁与薁前体。

**配制方法**：对二甲氨基苯甲醛0.25g溶于冰乙酸50mL，85%磷酸5mL和水20mL的混合液中，此试剂贮于棕色瓶中能稳定数月。

**使用方法**：薄层色谱喷洒，在室温或80℃烤10min显深蓝色。

**5. 2,4-二硝基苯肼试剂**

**适用范围**：醛和酮。

**配制方法**：2,4-二硝基苯肼1g溶于1000mL乙醇形成的溶液，再加入36%盐酸10mL。

**使用方法**：薄层色谱喷洒，醛和酮显黄色。

**6. 硝酸铈试剂**

**适用范围**：醇。

**配制方法**：硝酸铈铵6g溶于100mL 4mol/L硝酸溶液中。

**使用方法**：薄层色谱喷洒，醇在黄色背景显棕色。

**7. 钒酸铵（钠）-8-羟基喹啉试剂**

**适用范围**：醇。

**配制方法**：1%钒酸铵（钠）溶液1mL和25% 8-羟基喹啉的6%乙醇溶液，1mL用苯30mL振摇，分出灰蓝色的苯溶液使用。

**使用方法**：薄层色谱喷洒，在蓝灰色背景显淡红色，有时需加热。

## 十二、氨基酸、多肽、蛋白质显色剂

**1. 茚三酮试剂**

**适用范围**：氨基酸、氨及氨基糖，喷后110℃加热至显出颜色。

**配制方法：**

试剂Ⅰ：茚三酮0.3g溶于正丁醇100mL中，加冰醋酸3mL。

试剂Ⅱ：茚三酮0.2g溶于乙醇100mL中。

**使用方法：** 薄层色谱喷洒试剂Ⅰ或Ⅱ，于110℃烤2～3min，显蓝紫色。

**2. 双缩脲试剂**

**适用范围：** 蛋白质、多肽。

**配制方法：**

溶液Ⅰ：1%硫酸铜溶液。

溶液Ⅱ：40%氢氧化钠溶液

使用前溶液Ⅰ与溶液Ⅱ等量混合。

**使用方法：** 试管内反应，取样品溶液1mL，加入显色剂，振摇，显紫红色。

# 附录二　常用有机溶剂的物理参数

| 名称 | 沸点/℃ | 相对密度<br>($d_{20}^4$) | 介电常数<br>($\varepsilon$) | 折射率<br>($n_{20}^D$) | UV 截止波长<br>/nm | 溶解度/(g/100g $H_2O$)<br>(20℃) |
|---|---|---|---|---|---|---|
| 正己烷 | 68.7 | 0.659 | 1.88 | 1.375 | 195 | 0.00095 |
| 环己烷 | 80.7 | 0.778 | 2.05 | 1.427 | 205 | 0.010 |
| 二氧六环 | 101 | 1.034 | 2.21 | 1.422 | 220 | 任意混溶 |
| 四氯化碳 | 77 | 1.594 | 2.23 | 1.466 | 265 | 0.077 |
| 苯 | 80.1 | 0.879 | 2.23 | 1.501 | 280 | 0.1780 |
| 甲苯 | 111 | 0.867 | 2.29 | 1.497 | 285 | 0.1515 |
| 二硫化碳 | 46 | 1.263 | 2.34 | 1.626 | 380 | 0.294 |
| 间二甲苯 | 137 | 0.860 | 2.38 | 1.497 | 290 | 0.0176 |
| 对二甲苯 | 138 | 0.861 | 2.39 | 1.505 | 290 | 0.02 |
| 三乙胺 | 89.5 | 0.726 | 2.44 | 1.401 | <200 | 11.2 |
| 乙醚 | 34.6 | 0.713 | 4.34 | 1.353 | 220 | 0.042 |
| 三氯甲烷 | 61.3 | 1.484 | 4.81 | 1.448 | 245 | 0.815 |
| 乙酸 | 118 | 1.049 | 6.15 | 1.372 | 230 | 任意混溶 |
| 乙酸乙酯 | 77 | 0.897 | 6.4 | 1.372 | 260 | 8.0 |
| 四氢呋喃 | 66 | 0.887 | 7.58 | 1.407 | 220 | 任意混溶 |
| 三氟乙酸 | 72 | 1.489 | 8.55 | 1.291 | 210 | 互溶 |
| 二氯甲烷 | 39.8 | 1.327 | 8.9 | 1.424 | 233 | — |
| 吡啶 | 115 | 0.982 | 12.3 | 1.510 | 305 | 任意混溶 |
| 戊醇 | 137.8 | 0.814 | 13.9 | 1.410 | 210 | 2.19 |
| 正丁醇 | 118 | 0.810 | 17.8 | 1.399 | 254 | 0.43 |
| 丁酮 | 80 | 0.805 | 18.0 | 1.377 | 330 | 26.8 |
| 异丙醇 | 82.4 | 0.786 | 19.92 | 1.378 | 205 | 任意混溶 |
| 正丙醇 | 97 | 0.804 | 20.3 | 1.385 | 205 | 任意混溶 |
| 丙酮 | 56.5 | 0.790 | 20.7 | 1.359 | 330 | 任意混溶 |
| 乙醇 | 78.4 | 0.789 | 25.8 | 1.361 | 210 | 任意混溶 |
| 甲醇 | 65 | 0.791 | 33.7 | 1.329 | 205 | 任意混溶 |
| 乙腈 | 82 | 0.790 | 37.5 | 1.344 | 190 | 任意混溶 |
| $N,N$-二甲基甲酰胺 | 153 | 0.950 | 37.6 | 1.431 | 268 | 任意混溶 |
| 二甲亚砜 | 189 | 1.101 | 48.9 | 1.478 | 268 | 任意混溶 |
| 甲酸 | 101 | 1.220 | 58.5 | 1.371 | 210 | 任意混溶 |
| 水 | 100 | 1.000 | 80.4 | 1.333 | 195 | 任意混溶 |

# 附录三 实验报告示例

# 实验三　升华法提取茶叶中的咖啡因

## 一、实验目的

1. 掌握从茶叶中提取咖啡因的原理及方法。
2. 掌握索氏提取器的安装和使用方法。
3. 掌握升华法提纯有机化合物的操作。

## 二、实验原理

提取茶叶中的咖啡因，往往利用适当的溶剂（氯仿、乙醇、苯等）在索氏提取器中连续抽取，然后蒸去溶剂，即得粗咖啡因。粗咖啡因还含有其他一些生物碱和杂质，利用咖啡碱可以升华的性质进一步纯化。

## 三、实验仪器和药品

原料：10g 茶叶末（红茶）。

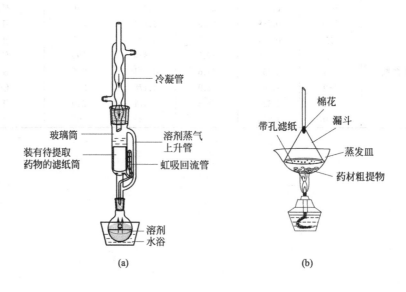

索氏提取装置（a）和升华装置（b）

试剂：95％乙醇、生石灰。

仪器：索氏提取装置（套）、升华装置（套）、量筒、铁架台、蒸发皿、玻璃棒、棉花、圆形滤纸、刮刀、水浴锅、升降台、电热套、天平、熔点仪、沸石。

## 四、原料及产物物理常数

| 名称 | 分子量 | 性状 | 相对密度 | 熔点/℃ | 沸点/℃ | 溶解度/[g/(100g H₂O)] |
|------|--------|------|----------|--------|--------|------------------------|
| 乙醇 | 46.07 | 无色液体 | 0.79 | −117.3 | 78.4 | 任意互溶 |
| 咖啡因 | 194.19 | 白色针状或粉状固体 | 1.2 | 234.5 | 178 | 2 |
| 生石灰 | 56.08 | 白色无定形固体 | 3.35 | 2572 | 2850 | 与水反应 |

## 五、实验操作流程

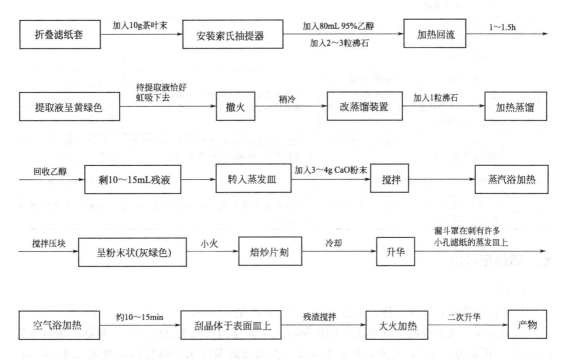

## 六、实验记录

| 时间 | 步骤 | 现象 | 备注 |
|------|------|------|------|
| 8:00 | 折叠滤纸套,将 10g 茶叶末装入滤纸套中 | | 茶叶末略加粉碎 |
| 8:10 | 将样品装入索氏抽提器中,往圆底烧瓶中加 80mL 95％乙醇和2～3粒沸石 | 烧瓶内液体无颜色 | |
| 8:15 | 安装索氏抽提器 | | |
| 8:20 | 在抽提管中加 40mL 95％乙醇,安装冷凝管 | 索氏提取器中颜色变为黄绿色 | |
| 8:30 | 加热回流1～1.5h | 出现虹吸现象 | |

| 时间 | 步骤 | 现象 | 备注 |
|---|---|---|---|
| 10:00 | 虹吸6次,停止加热 | 加热后,上面的冷凝管下方逐渐有液体滴出,圆底烧瓶内随着加热变为紫黑色,索氏提取管中茶叶水颜色为草绿色,随着虹吸次数的进行,上层茶叶水颜色逐渐变淡 | |
| 10:15 | 搭建好蒸馏装置,待抽提装置稍冷却无回流后,将烧瓶内的液体转移到蒸馏装置中,进行蒸馏,待烧瓶内剩下溶液15mL左右,停止加热 | 蒸馏时,烧瓶内液体沸腾,锥形瓶中有无色透明液体滴出,烧瓶内液体逐渐减少 | |
| 10:30 | 残留液趁热倒入装有3.0g生石灰的蒸发皿中,并用蒸发的少量乙醇洗涤烧瓶,洗涤液倒入蒸发皿 | 烧瓶底部为浓绿色溶液 | |
| 10:35 | 将蒸发皿放在水浴锅上,90℃加热蒸干,蒸成干粉状,其间应不断用玻璃棒搅拌,并压碎块状物 | 蒸发皿中成糊状,加热后成绿色干粉 | |
| 11:00 | 冷却后,擦去沾在边上的粉末,以免在升华时污染产物 | | |
| 11:05 | 安装升华装置 | | |
| 11:10 | 蒸发皿上盖一张多孔滤纸,滤纸上罩上一塞有棉花的玻璃漏斗,加热升华,当有许多白色针状晶体时,取下滤纸,并刮下上面的咖啡因 | 滤纸上有针状晶体,滤纸变黄,蒸发皿中为黑色固体,玻璃漏斗壁上有水雾 | 纸的重量0.2320g,纸和一次升华样品总重0.5218g |
| 11:40 | 残渣经拌和后用较大的火再加热片刻,使升华完全 | 滤纸上有针状晶体,滤纸变黄,蒸发皿中为黑色固体,玻璃漏斗壁上有水雾 | 纸和二次升华样品总重0.3022g |
| 12:00 | 合并两次收集的咖啡因,称重 | | 两次样品总重0.36g |
| 12:10 | 用熔点测定仪测定熔点,与文献中纯咖啡因熔点对比 | 熔点测定仪测得提取咖啡因样品熔点为232.3℃ | 文献中纯咖啡因熔点为234.5℃ |

## 七、结果与讨论

### 1. 结果

产物:咖啡因,针状晶体,熔点为232.3℃,产量0.36g,产率为72%~100%。

在实验前,根据查阅文献对比,确认茶叶末中咖啡因熔点为234.5℃,测得产物熔点为230.3℃,误差为1.8%,实验结果基本可靠;查阅文献茶叶末中咖啡因含量为0.1~0.5g,待实验结束后计算产率。

$$产率=\frac{实际产量}{理论产量}\times100\%=\frac{0.36g}{0.5g}\times100\%=72\%$$

### 2. 讨论

本次实验的产物产量和质量基本合格,样品熔点也与纯咖啡因熔点基本符合。在把加氧化钙的产品蒸成干粉时,粘到蒸发皿上的黄绿色固体未完全刮下来,且蒸发成干粉时,为完全成粉状,使产物损失一部分,影响产率。

## 八、思考题

1. 为什么可用升华法提纯咖啡因?哪些化合物能用升华的方法进行提纯?

答:因为咖啡因的熔点比较高,且在熔点温度以下有较高的蒸气压,因此能自固态不经过液态而直接转变为蒸气，并且从蒸气不经液态直接转变为固态，所以可以用升华法提纯。升华法只能用于不太高的温度下有足够大的蒸汽压力的固态物质。比如碘、萘、樟脑等。

2. 采用索氏提取器提取茶叶中的咖啡因，有什么优点？

答：①利用溶剂回流和虹吸原理减少溶剂用量，降低成本；②提取的咖啡因纯度较高；③通过反复的回流和虹吸将固体物质富集在烧瓶中，提高提取效率。

3. 本实验中生石灰的作用有哪些？

答：生石灰的作用主要为吸水，还可中和除去部分酸性杂质，如丹宁酸等。